环境艺术设计理论和实践研究

俞 洁 著

北京工业大学出版社

图书在版编目（CIP）数据

环境艺术设计理论和实践研究 / 俞洁著． — 北京 ：
北京工业大学出版社，2019.11（2022.5 重印）
ISBN 978-7-5639-7086-5

Ⅰ．①环… Ⅱ．①俞… Ⅲ．①环境设计－研究 Ⅳ．
① TU-856

中国版本图书馆 CIP 数据核字（2019）第 236206 号

环境艺术设计理论和实践研究

著　　者：俞　洁
责任编辑：刘连景
封面设计：点墨轩阁
出版发行：北京工业大学出版社
　　　　　　（北京市朝阳区平乐园 100 号　邮编：100124）
　　　　　　010-67391722（传真）　bgdcbs@sina.com
经销单位：全国各地新华书店
承印单位：三河市明华印务有限公司
开　　本：710 毫米 ×1000 毫米　1/16
印　　张：11
字　　数：200 千字
版　　次：2019 年 11 月第 1 版
印　　次：2022 年 5 月第 3 次印刷
标准书号：ISBN 978-7-5639-7086-5
定　　价：48.00 元

前　言

　　环境艺术所包括的内容十分广泛，只要是环境中的物体，都属于环境艺术设计中的一部分。环境设计是人类的一种造物活动，是人类认识自然并改造自然的主观意识行为，人类会通过这种主观意识行为创造一种新环境次序，设计适合人类生存与发展的环境空间。真正意义上的环境艺术就是通过合理的设计方案，并付诸实践来实现的。随着社会的进步与发展，人们的居住环境得到了极大改善，环境艺术设计理论与实践研究也日益受到人们重视。本书采用理论研究与设计实践相接轨的方法，借助人体工程学、环境心理学等理论研究成果，立足于环境艺术设计，从室内外环境设计等方面进行了研究。

　　全书共七章。第一章为绪论，主要阐述了环境艺术设计概述、环境艺术设计的发展历史、环境艺术设计的属性与特征、环境艺术设计的目的等内容；第二章为环境艺术设计的基础与原则，主要阐述了环境艺术设计的人体工程学基础、环境艺术设计的环境心理学基础、环境艺术设计的美学规律、环境艺术设计的原则等内容；第三章为环境艺术设计的要素与形式，主要阐述了空间与界面、色彩、材料、环境艺术设计的形式等内容；第四章为环境艺术设计的程序和方法，主要阐述了环境艺术设计的程序、环境艺术设计的方法等内容；第五章为环境艺术设计的制图规范与表现手法，主要阐述了环境艺术设计的制图规范、环境艺术设计的表现手法等内容；第六章为室外环境设计实践研究，主要阐述了室外环境设计概述、城市广场设计以及城市滨水景观设计等内容；第七章为室内环境设计实践研究，主要阐述了室内环境设计理论、居住空间环境设计、办公空间环境设计、商业卖场空间环境设计、酒店空间环境设计等内容。

　　本书约20万字，由南京晓庄学院俞洁撰写。为了确保研究内容的丰富性和多样性，作者在写作过程中参考了大量理论与研究文献，在此向涉及的专家学者表示衷心的感谢。最后，限于作者水平加之时间仓促，本书难免存在一些疏漏，在此，恳请同行专家和读者朋友批评指正！

目　录

第一章 绪 论

进入 21 世纪以来，我国的经济建设迅猛发展，生活水平的不断提高使人们较以往任何时候都更为重视周边环境为自身带来的物质与精神双方面的感受。这个客观条件促进了环境艺术设计在我国的繁荣与发展。本章分为环境艺术设计概述、环境艺术设计的发展历史、环境艺术设计的属性与特征、环境艺术设计的目的四部分。主要内容包括：环境艺术设计的基本概念与定位；上古时期、中古时期、近代、现代与后现代的环境艺术设计；环境艺术设计的属性和特征以及环境艺术设计的目的等。

第一节 环境艺术设计概述

一、环境艺术设计的基本概念

所谓环境艺术设计，就是运用一些物质技术手段和美学艺术原理，再根据相关建筑及其周边空间环境的使用性质、所处背景和相应标准，设计出能够满足人们物质生活和精神生活相关需要的、功能较为合理、居住起来较为舒适、内外环境较为优美的室内和室外空间环境。环境艺术设计能让空间环境的使用价值得到最为充分的体现，各方面的功能也能满足人们的要求，同时还能体现出一些精神因素，比如历史文脉、艺术风格以及审美取向等。

那些与人们生活活动密切相关的室内和室外活动，就是环境艺术设计的主要对象。受当时哲学思想、美学观点以及经济发展等各方面因素的影响，环境艺术设计的艺术风格往往总是具有时代的印记，它总是能从侧面将某一时期的社会物质特征和精神生活特征反映出来。从微观的、个别的作品看，设计师自身所具备的专业素质和文化修养与所用到的具体的施工技术、管理、材料质量以及设施配置等情况共同决定着设计水平的高低和施工工艺的优劣。所以，真正起到决定意义的一个环节就是设计，而设计、施工、采购、管理维护等各种因素之间的相互协调则决定着最终的效果和质量。

环境艺术设计是涵盖了人体工程学、环境心理学、物理学、建筑学、城市规划等多门学科的一门专业，它具有很强的功能性和艺术性。所以，除了要用到一些物质技术方面的手段以外，还应该严格遵循美学艺术的原理。换句话说，除了与一些艺术门类（比如绘画、雕塑、音乐等）之间相同的美学法则（比如对称、均衡、节奏、比例、同一等）之外，还应该对使用功能、结构施工、材料设备、造价投资等多种因素进行较为综合和充分的考虑。

二、环境艺术设计的定位

（一）环境艺术是多学科互助的系统艺术

与环境艺术相关的学科有城市规划、建筑学、社会学、美学、人体工程学、心理学、人文地理学、物理学、生态学、艺术学等多个学科领域。在环境艺术设计的范畴内，这些学科相互构筑成了一个完整的体系。如图 1-1 所示。

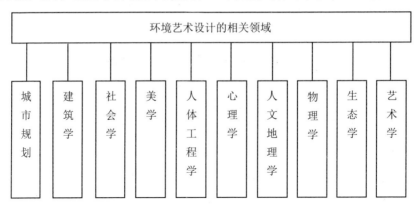

图 1-1　环境艺术设计的相关领域

（二）环境艺术是具有生态学特征的"时间艺术"

具有生态学的"时间艺术"的过程可以说是循序渐进的，这也是它最大的一个特征，所以在设计时，要尽可能地利用现有的条件，留出足够的余地去保证今后或者下一层次的发展。按照"后继者原则"可以知道，强调设计的过程并不是传统、静态、激进的改造过程，而应该是连续、动态的渐进过程。这就要求每一名设计师在设计的过程中，不仅要对历史有足够的尊重，同时还应积极地去展望未来，只有这样才能在时间和空间上使每一个单体和总体有很好的连续性，才能使它们建立起较为和谐的对话关系。

（三）环境艺术是多渠道传递信息的感受艺术

环境艺术设计将各种艺术和技术手段充分调动了起来，对各种环境要素以及它们的构成关系进行了综合利用，从而创造出了一定的环境气氛和主题，能够很好地将人们的各种感官激发出来，让他们积极参与到审美活动中来。

（四）环境艺术是具有功能性的实用艺术

环境艺术设计强调最大限度地满足使用者多层次的需求，既包括休息、工作、生活、交通、聚散等物质方面的要求，同时也包括了交往、参与、安全等社会心理方面的要求。

（五）环境艺术是多门类并存的关系艺术

环境艺术设计将城市、建筑、室内外空间、园林、广告、灯具、标志小品、公共设施等看成是一个多层次、有机结合的整体，它所面临的设计问题虽然是比较具体且单一的，但是在遇到问题时，还是应该顾及整体环境，只有这样才能很好地去解决问题。如图 1-2 所示。

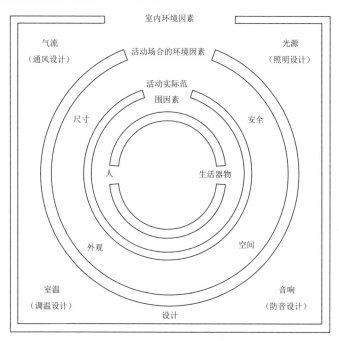

图 1-2 环境艺术的并存关系

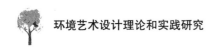
第二节　环境艺术设计的发展历史

一、上古时期的环境艺术

（一）史前到早期文明

从史前到早期文明这一阶段，人类只能对环境加以改造，还谈不上环境艺术设计。人类的进化始于工具的制造和使用，人类对环境的改造也始于此。

远古时期人类的生存环境十分恶劣，人类要面对严寒、酷暑、野兽和人类自身的疾病。在这种自然条件下，人类首先要使居住环境满足安全需求。在安全需求得到满足之后，会产生更高层次的需求。随着生产力的提高，人类需要更加舒适的居住环境。

人类的居住环境起源于远古时期人类建造的房屋。人类自己建造房屋是环境设计的开端。马耳他岛上的庙宇是迄今为止发现的最早的人类用石头建造的独立建筑物，大约建造于公元前 3600 年至前 2500 年间。这些神庙有的是独立的建筑，有的则构成神庙群。人类在新石器时代对环境的改造过程中取得的进步开始于修建建筑物。在这一时期，人类社会出现了永久性居留村落，建筑也随之产生。这一时期的建筑虽然不能将其称为环境艺术设计，但是却产生了巨石圈这种纪念性建筑。巨石圈即斯通亨治巨石圈，位于英国伦敦西南 100 多公里的索尔兹伯里平原。斯通亨治巨石圈直径 30 米，由高约 4 米的巨石组成，是最早、最壮观的环境景观之一。

（二）古希腊与古罗马

从古希腊、古罗马时期到近代时期的环境艺术设计主要表现为建筑设计。

1. 爱琴时期

古代爱琴海地区以爱琴海为中心，包括希腊半岛、爱琴海中各岛屿与小亚细亚西岸地区。爱琴海地区的文明先后将克里特和麦西尼作为中心，因此被称为克里特—麦西尼文化。克里特是爱琴海南部的一座岛屿，其文明是岛屿文明，具体体现是其宫殿建筑。克里特的宫殿建筑以典雅凝重作为主要特色，空间的变化也非常有特点。其中，克诺索斯王宫是最能代表其文明的宫殿建筑。克诺索斯王宫是一座大型建筑，整座建筑依山而建，其中心是一个长方形庭院，这个庭院长 52 米，宽 27 米。在这个庭院周围是各种殿堂、房间、走廊及库房，这些房间之间相互贯通。由于克里特岛气候温和，克诺索斯王宫室内外的划分一般只用柱子。克诺索斯王宫由于是依山而建的建筑，建筑内部地势落差大。因此，克诺索斯王宫内部结构富于变化，走廊和楼道迂回曲折，有"迷宫"之称。

2. 古代希腊

古代希腊是建立在巴尔干半岛及其邻近岛屿和小亚细亚西部沿岸地区诸国的总称。古希腊是欧洲文化的圣地，古希腊人在各个领域都取得了杰出的成就，在环境艺术领域也不例外。古希腊的建筑一般都十分完善，其建筑风格中彰显着古希腊人特有的理性文化。

3. 古代罗马

在古希腊文化走向衰落的同时，古罗马文化逐渐崛起。古代罗马包括亚平宁半岛、巴尔干半岛、小亚细亚及非洲北部等地中海沿岸大片地区。公元前500年左右，古罗马开始了在亚平宁半岛的统一战争，古罗马的统一战争持续了二百余年之久，统一后实行共和制。通过对外扩张，公元前1世纪，古罗马建立起了跨越亚、欧、非三大洲的庞大帝国。古罗马继承了古希腊的建筑艺术，并将其推向了奴隶时代建筑艺术的顶峰。古罗马时期的建筑类型、形制极其丰富，建筑结构的设计也达到了很高的水平，建筑形式和建筑手法非常发达，影响了欧洲甚至是全世界的建筑设计。券拱技术在古罗马时期得到了广泛应用，应用的水平也非常高，成了古罗马建筑的重要特征。古罗马时期非常注重建设广场、剧场、角斗场等大型公共建筑。

作为当时最大帝国的罗马帝国，其在公元前1世纪至公元前3世纪初建设了大量的气势宏大的并有时代特征的建筑，成为建筑史上的又一座高峰。这个世纪的建筑设计的最典型的代表是万神庙。万神庙最典型的特点是它的圆形大殿。圆形大殿借助于穹顶结构使万神庙形成了凝重而又饱满的内部空间，而内部空间正是万神庙最富有艺术魅力的所在。

除万神庙以外，罗马大角斗场是这一时期的另一代表性建筑。罗马大角斗场建于公元75～80年，是一座长轴长188米，短轴长156米的椭圆形角斗场。罗马大角斗场的中央部分是用于角斗的区域，四周有60排闭合的看台作为观众席，在观众席和角斗区域之间建有高墙，用以保护观众的安全。罗马角斗场规模宏大，设计精巧，巧妙地运用了立柱结构和券拱技术，使用砖石材料和力学原理建成的跨空承重结构，在减轻建筑重量的同时使建筑呈现出动感和延伸感。在罗马帝国时期，古罗马为记录和歌颂帝王功德，建造了凯旋门、纪功柱、帝王广场和宫殿等建筑。其中，凯旋门对建筑设计的发展影响十分深远。凯旋门是一种特殊的建筑形式，主要作用是歌颂帝王功德，其典型代表是建造于公元312年的君士坦丁凯旋门。

（三）古中国与古印度

1. 古代中国

中国的建筑体系不同于西方建筑体系，但也对建筑设计的发展产生了深远影响。

（1）园林景观

中国的商周时期就出现了园林景观，最早的园林形式是"囿"，其中的主要建筑是"台"，早在公元前11世纪，商代就已经出现了囿与台的结合，这也是我国古典园林的雏形。到了春秋战国时期，就出现了规模大且数量较多的贵族园林，其中，广为人知的要数楚国的章华台和吴国的姑苏台。

（2）长城

公元前9世纪，西周王朝为了有效抵御游牧民族的入侵，在疆域的北方修建了城堡。战国后期，各诸侯国为了使自己国家的安全得到保障，也纷纷在各自领土的边境筑起了城墙。公元前221年，秦始皇统一了中国。为保护这个新统一的国家的安全，避免北方游牧民族来侵扰这个新统一的国家，秦国通过连接并扩建各个诸侯国的长城，最终建成了东起辽东、西至临洮的长城，也就是我们现在所说的秦长城。它的主要建筑结构就是城墙，当然也包括一些军事和生活设施，比如关城、卫所、烽火台等，可以说，它是兼具战斗、通信等功能为一体的军事防御体系。公元前206年，刘邦称帝，建立汉朝。汉朝对秦长城进行了修葺，在其基础上又修筑了新的长城，使其长度达到了一万里以上。

（3）秦汉建筑

汉朝虽然取代了秦朝，但是"汉承秦制"，汉朝继承了秦朝的各个方面，包括建筑风格。秦汉建筑的主要风格是浑朴，宫殿建筑的成就最高。秦汉两代将宫殿建筑作为正处于上升阶段的封建统治力量和王权的象征。受当时的文化影响，秦汉建筑用大规模的建筑象征宇宙和天地的宽广。

2. 古代印度

（1）最早的城市

印度河流域和恒河流域在公元前三千多年就建立了人类最早的城市。20世纪20年起，陆续发掘出了摩亨佐·达罗城古城遗址。摩亨佐·达罗城古城遗

址以其强大的城市规划能力证明了古印度文明在当时就已经发展到了很高的
水平。

（2）大窣堵坡

在公元前 3 世纪中叶，孔雀王朝统一了印度，印度当地的建筑风格也被孔
雀王朝继承了下来，此外，孔雀王朝的建筑风格还吸收了很多外来文化，形成
了自己较为独特的风格，从而使佛教建筑达到了建筑设计的高峰。孔雀王朝最
具代表性的建筑是桑契窣堵坡。窣堵坡是印度佛教埋葬佛骨的建筑，从孔雀王
朝开始，发展为了佛教的礼拜中心。桑契窣堵坡建造于安度罗时代，它代表着
印度佛教艺术发展的巅峰。窣堵坡的设计所具有的象征性是非常强的，它主要
象征着佛力的无边、无迹和无形，是佛陀形象的具体化体现。

二、中古时期的环境设计

（一）拜占庭

公元 395 年，罗马帝国分裂成了东罗马帝国和西罗马帝国。东罗马帝国也
称拜占庭帝国，其文化由罗马文化、东方文化和基督教文化三部分组成，形成
了独特的拜占庭文化，其建筑文化对欧洲和亚洲国家的建筑产生了深远影响。
拜占庭建筑的典型代表是圣索菲亚大教堂。它的顶部设计的布局为巴西利卡式，
由东向西的长度为 77 米，由南到北的长度为 71.7 米。它的最重要的大殿是由
一个正方形和两个半圆形共同结合组成的椭圆形，并在正方形的最上方设置了
高度约为 15 米，直径约为 33 米的圆形穹顶。中央穹顶的南北两侧透过柱廊和
中央大殿连在一起，东西两侧逐个缩小的半穹顶造成了步步扩大的空间层次，
这样设计不但能够和穹顶融为一体，而且看起来又非常有层次感。

作为古罗马的中心，意大利的文化艺术在很大程度上受到了罗马的影响。
意大利的建筑规模、结构方式和装饰手法都遵循着罗马的建筑设计规律。意大
利的建筑风格根据地区的不同，还存在着一定的差异，比如意大利东部深受拜
占庭建筑影响，南部则受到了伊斯兰文化的影响更多。俄罗斯人属于东斯拉夫
人种，公元 862 年左右，第一个俄罗斯国家在诺夫哥罗德诞生，公元 882 年将
首府迁往基辅。公元 10 世纪拜占庭建筑风格和建筑技术传入俄罗斯并在俄罗
斯大肆流行。俄罗斯的建筑风格延续并发展了拜占庭建筑的风格。

（二）哥特式

哥特式建筑产生于 12 世纪中期，以法国为中心向整个欧洲发展，13 世纪
发展到了顶峰，15 世纪由于文艺复兴运动而衰落。哥特式建筑由罗马式建筑发

展而来。哥特式建筑将罗马式建筑中的十字拱发展为了带有肋拱的十字尖拱，从而降低了建筑顶部的厚度。哥特式建筑比罗马式建筑更高。通常情况下，哥特式建筑的高度是其宽度的 3 倍，并在 30 米以上。哥特式建筑内部和外部都是垂直形态，往往给人以整个建筑是从地下生长起来的独特感受。哥特式建筑发源于法国，法国的巴黎圣母院是哥特式建筑的典型代表，位于塞纳河的斯德岛上，约完工于 1163 ～ 1320 年，是欧洲建筑史上一个划时代的标志性建筑。

三、近代环境艺术设计

（一）文艺复兴的环境设计

14 世纪，欧洲的思想文化领域掀起了一场以意大利为中心的文艺复兴运动。文艺复兴运动反对宗教神学，倡导人本主义思想。它挣脱了中世纪神学的束缚，复兴了希腊、罗马的古典文化，使欧洲出现了一个文化蓬勃发展的新时期。文艺复兴时期的建筑和环境设计的显著特征是抛弃哥特式风格，在建筑设计中大量应用古希腊和古罗马时期的柱式构图要素，以体现和谐和理性。同时，将人体雕塑、大型壁画和线型图案锻铁饰件应用于室内装饰。文艺复兴时期，有大量的著名艺术家参与到了建筑设计和环境设计。他们参考人体尺度，借助于数学知识和几何知识研究古典艺术的内在审美规律，并在此基础上进行艺术创作。

1. 早期文艺复兴

15 世纪初期，以佛罗伦萨为中心的意大利中部的建筑设计中出现了新的倾向，即既在建筑中使用古典设计要素，又使用数学知识设计出和谐的效果。这一时期的代表人物是 Brunelleschi（伯鲁乃列斯基）。他深入研究了大量的古典建筑结构，使得他能够对建筑设计中的传统要素进行灵活的利用和改造，并将其应用到自己的设计中。伯鲁乃列斯基在数学原理的基础上进行了设计，使其建筑作品呈现出了朴素、和谐的风格。

2. 盛期文艺复兴

15 世纪中期后，文艺复兴运动由意大利传播到了德国、法国、英国和西班牙等国家。文艺复兴运动在 16 世纪发展到了顶峰，使欧洲的文化和科学事业有了巨大的发展。建筑设计也进入了繁荣发展阶段，建筑设计逐渐朝着完美和健康的方向发展。文艺复兴运动的中心是意大利，位于意大利的圣彼得大教堂是文艺复兴时期最宏伟的建筑设计。文艺复兴运动以意大利的佛罗伦萨为中心逐渐发展，后来影响到了威尼斯。威尼斯的圣马可广场及其周边的建筑是其文艺复兴时期的代表性建筑。圣马可广场自建成之日起便是威尼斯的政治中心、商业中心和公共活动中心。

（二）洛可可设计风格

洛可可一词本是法语词汇，意为岩石和贝壳。在建筑设计中，洛可可是指建筑装饰中的自然特征，如贝壳、海浪、珊瑚等。18世纪后期，洛可可一词用来讽刺某种反古典主义的艺术风格。19世纪，洛可可一词才不再含有贬义含义。巴黎苏比兹公馆的椭圆形客厅是典型的洛可可设计。巴黎苏比兹公馆的椭圆形客厅分为上下两层，下层由苏比兹公爵使用，上层由苏比兹公爵夫人使用。上层的设计独具特色，设计师将4个窗户、1个入口和3个镜子设计成了8个高大的拱门，巧妙地划分了椭圆形房间的壁画。

（三）古典主义

1. 新古典主义

18世纪中期，欧洲展开了以法国为中心的启蒙运动，推动了建筑设计领域的变革。这一时期大部分欧洲国家对洛可可风格的建筑产生了审美疲劳，同时意大利、希腊和西亚发现的古典遗址使人们更加推崇古典文化。在这种情况下，法国兴起了新古典主义，新古典主义倡导复兴古典文化。新古典主义所谓的复兴古典文化是对于洛可可风格提出的，复古是为了创新，在建筑设计中应用和创造古典形式体现了重新建立理性和秩序的意愿。新古典主义直至19世纪中期在欧洲都十分流行。新古典主义虽然在建筑设计上追求古典美，但也注重现实生活，将简单的形式作为最高理想，提倡在新的理性原则和逻辑规律中抒发情感。

2. 浪漫主义

1789年的法国大革命是欧洲艺术发展的转折点。法国大革命后，人们对艺术的看法发生了深刻的变化，产生了浪漫主义。18世纪中后期，英国首先将浪漫主义应用到了建筑设计之中，它提倡个性和自然主义，反对古典主义，其具体表现是追求中世纪的艺术形式和异国情调。浪漫主义在建筑中的应用多通过哥特式建筑形象表现出来，因此也被称为"哥特复兴"。浪漫主义风格达到盛期的一个标志就是查理·伯瑞（Charlie Berry）设计出的英国议会大厦。直到19世纪初期，新材料和新技术被应用到浪漫主义建筑之后，现代风格的发展才随之受到了影响。

浪漫主义的典型代表是埃菲尔铁塔。埃菲尔铁塔是19世纪末期建造的，有划时代意义的铁造建筑物，之后成了巴黎的象征。埃菲尔铁塔的修建是为了庆祝巴黎举行世界博览会，其名称来源于铁塔的设计师埃菲尔（Eiffel）。18世纪下半叶到 19 世纪的浪漫主义运动还表现在与帕拉第奥主义建筑相配合的英国"风景庭园"的兴起上。最为典型的"风景庭园"是英国威尔特郡的斯托海德庄园。斯托海德庄园位于索尔斯伯里平原的西南角。斯托海德庄园风景优美，庄园内有岛屿、堤岸、缓坡、土岗和草地等。

3. 折衷主义

19 世纪前期，折衷主义在欧洲兴起。折衷主义在 19 世纪的欧洲十分流行并一直延续到了 20 世纪初期。折衷主义注重形式美，重视比例和推敲形体，不遵循固定的程式。折衷主义在法国最为流行，巴黎美术学院是折衷主义的艺术中心。巴黎歌剧院是折衷主义的代表性设计。巴黎歌剧院是当时欧洲面积最大、室内装饰最豪华的歌剧院，它融合了包括古希腊和古罗马式的柱廊在内的多种建筑风格。建筑整体规模宏大、装饰精美。

四、现代与后现代环境艺术设计

（一）现代主义设计风格的诞生

现代主义设计是艺术设计发展史上最重要，也是最有影响力的设计活动之一。19 世纪的工业革命推动了科学技术的快速发展，也改变了人们的生活方式。现代主义设计运动在此背景下展开，产生了大量的优秀设计师和设计作品。现代主义环境艺术设计运动的兴起是建筑和环境设计发展进入新阶段的标志。20世纪以来，欧美发达国家发明了大量的新技术、新材料和新的生产设备，有效地推动了生产力的发展，这些发展也影响了社会结构和社会生活。在此基础上，环境艺术设计对功能和理性的重视也成了现代主义设计的主流。

1. 现代主义的开端

"现代主义"是一个具有十分宽泛含义的文化概念。它不是在某一领域内展开，而是在工业、交通、通讯、建筑、科技和文化艺术等诸领域的文化运动，给人类社会造成了深远影响。随着科学技术的发展，人们的生活水平大幅度提高，为满足人们对建筑的需求，建筑材料、建筑技术和建筑结构不断发展，新的技术大量应用到了建筑领域中，新的建筑理论也不断涌现。在这样的背景下，现代主义建筑运动发展了起来，出现了大量的优秀建筑师和杰出的建筑作品。现代主义建筑运动的兴起是建筑发展进入新阶段的标志。美国建筑师赖特

（Wright）是现代主义建筑的杰出代表。他能够巧妙地运用钢材、石头、木材和钢筋混凝土设计出建筑与自然环境的融合，并表现出令人振奋的关系，有其擅长几何平面布置和轮廓方面的设计，代表作品为"草原式住宅"。

第一次大战期间，荷兰没有受到战争的破坏，环境艺术设计及其理论大量发展，出现了"风格派"。蒙德里安（Piet Mondrian）和里特威尔德（G·T·Rietveld）是风格派的核心人物。其中，蒙德里安是一名画家，里特威尔德是一名设计师。风格派将终极的、纯粹的实在作为其主要追求。

2. 包豪斯

包豪斯是一座设计学院，由格罗庇乌斯（Walter Gropius）在 1919 年创建于德国，是世界上第一所完全为发展设计教育而建立的学院。第一次世界大战结束后，德国的设计师和艺术家希望复兴国家的艺术和设计，于是建立起了包豪斯设计学院，并由格罗庇乌斯出任院长。

格罗庇乌斯重视艺术和技术的结合、创新形式美、功能因素和经济因素。他的这些观点推动了现代设计的进步。现代主义设计注重空间，尤其是整体设计，甚至将"空间是建筑的主角"作为口号。这种观点是在对建筑的本质有了深刻的认识后提出的，是建筑设计的巨大进步。

建筑意味着把握空间，空间应当是建筑的核心。密斯（Mies）曾出任包豪斯设计学院的院长，他在 1929 年的巴塞罗那世界博览会中担任德国馆的设计师。他的设计没有将德国馆划分出内外空间，而是在墙体中解放出了空间，这被称为第三个空间概念阶段，即"流动空间"。这个作品是密斯"少就是多"的理念的具体体现。作品中运用的水平伸展的构图、清晰的结构体系、精湛的节点处理也是他设计风格的精华。这个建筑是现代主义建筑初期最有代表性的作品之一，是空间划分和空间形式处理的典范。

（二）国际主义设计风格

密斯的国际主义风格建筑形式往往被视作是国际主义风格建筑的主要形式，他始终坚持"少就是多"的设计原则，具有简单明确、工业化鲜明等设计特点。在环境艺术设计领域，国际主义风格虽然占据了主导地位，但是之后也出现了粗野主义、典雅主义和后现代主义。

1. 粗野主义和典雅主义

（1）粗野主义

粗野主义在建筑设计中的具体表现是保留了水泥上模板的痕迹，使用粗壮的结构体现了钢筋混凝土的粗野。粗野主义虽然追求粗鲁，但却要在设计中表现出诗意，表现了国际主义向形式化发展的趋势。粗野主义的代表人物是柯布西埃（Corbusier），他于1950年在法国设计的朗香教堂是其里程碑式的作品。

（2）典雅主义

最早在设计中表现出典雅主义倾向的设计是约翰逊（Johnson）在1949年设计的"玻璃住宅"的室内设计。"玻璃住宅"的起居室中摆放了密斯在巴塞罗那世界博览会中设计的钢皮椅子，这把椅子的形式和"玻璃住宅"的空间十分协调。此外，约翰逊还使用了雕塑、油画和地毯等装饰，使"玻璃住宅"简单的结构形式更加丰富。这表明这个时期的建筑设计已经开始注重建筑使用者的心理需求。悉尼歌剧院是公认的建筑设计史上最典型的抒情建筑。

2.60年代以后的现代主义

20世纪60年代后，现代主义设计在环境艺术设计领域占据主导地位，国际主义设计的发展则更加丰富。这一阶段的环境艺术设计领域中的环境观念开始形成。建筑师和设计师在进行建筑设计的时候将阳光、空气、绿地等因素纳入了考虑范围中。室内空间和室外空间之间没有明确的划分，高楼大厦中设计有庭院和广场。这一时期的代表性人物是美国现代建筑大师约翰·波特曼（John Portman），他以独特的旅馆空间而闻名。旅馆空间是指约翰·波特曼在旅馆中庭设计出独具特色的共享空间。他设计的旅馆中庭有穿插、渗透、复杂变化的特点，一般高达几十米，可作为室内主体广场。

美籍华裔著名建筑大师贝聿铭一直遵循着现代主义建筑原则进行创作。他设计的华盛顿国家美术馆东馆的建筑内外环境是20世纪60年代后期最重要的作品。他在设计中巧妙地运用了几何形体，使其与周围的环境和谐统一。其建筑设计的整体造型简洁大方、庄重典雅，空间安排舒展流畅、条理分明，同时又有很强的适用性。华盛顿国家美术馆东馆所处的地形为直角梯田，贝聿铭将其分为直角三角形和等腰三角形两部分，使其与老馆的轴线对应。他设计的中国北京的香山饭店是其环境原则和在设计中综合多种元素原则的充分体现。香山饭店位于香山公园，鉴于当地的自然环境和周围的历史文物，他在设计中结合了西方现代建筑结构和中国传统元素，尤其是园林建筑元素和民居院落元素，使其虽然作为现代建筑但仍能体现出中国传统文化特点。

生态文明倡导人的自觉和自律，生态文明反思了人类的物质文明，尤其是工业物质文明，认为人类不能仅追求物质生活的享受，还要追求更高的理想和富足的精神生活，以实现人类社会的全面发展。20世纪七八十年代，随着全球范围各种环境问题的加剧，环境保护运动大量涌现。在这种背景下，1972 年联合国在斯德哥尔摩召开了首次"人类与环境会议"，讨论并通过了著名的《人类环境宣言》。随着人们对环境问题认识的不断加深，可持续发展的思想逐渐形成。1983 年可持续发展作为一类发展模式被正式地提出。

近年来日益严重的生态问题、环境问题、能源问题和气候问题等全球性问题已使人类认识到，人类并不能征服自然，人类只是全球生态系统中的重要组成部分。人类享受自然的恩赐，参与自然最微妙的各项循环，同时人类活动也对自然有着反作用（包括促进发展与阻碍发展双方面）。人与自然不存在控制与被控制的关系，人类与自然的关系是相互依赖的关系。人类的发展既要满足社会需求又要满足自然环境的需求，同时还要考虑到人类未来的发展。因此，要在发展的过程中坚持可持续发展的生态文明观。有了生态文明与可持续发展思想的指导，在行动上，设计工作者首先应该以身作则，用实践设计为生态文明建设做出贡献，抵制破坏环境的各种不良设计行为。用设计成果引导人们共同参与生态文明环境的建设。比如用人工湿地景观的设计向人们宣传这一生态系统组成部分的重要性，认识"地球之肾"的各类功能，从而培养人们的环保意识，进一步带动公众参与到生态环境的建设中来。生态文明与可持续发展作为一种思想发展趋势，正在以奋进的脚步奔跑在社会发展的大道之上。

第三节 环境艺术设计的属性与特征

一、环境艺术设计的属性

（一）生态属性

希腊语中的"oikos"（家）是英文单词"ecology"（生态）的主要由来。这一定义的扩展是对所有有机体相互之间以及它们与其生物及物理环境之间关系的研究。因此，也可以看成，人类机体也处在生态体系中。

我们所生存的环境之所以要进行设计，是为了使人们得以平等地确保对未来的发展能力的获得。在设计领域，最大限度地改变和影响人们生活的就是环境艺术设计，它不是装点门面的小技能，而是越来越成为承担起人类发展前途使命的行业规划。因此，关注怎样艺术地生存和怎样和谐地持续发展成了科学的核心价值，这就注定了环境艺术设计的生态性。这一属性决定了我们所做的一切实践工作都是在研究人类之间以及人类与其环境之间的相互作用。

在时代发展的语境下,城市与乡村以及自然与人文之间日渐混同,在协调土地、水以及空气的利用上的矛盾冲突时,从空间、功能以及动态观点来理解环境设计就成了关键。我们必须习惯于用这样的问题来检验我们的作品,在我们的决策和设计中,必须了解到谁受损,谁受益。因为环境艺术设计的生态属性迫使我们要顺从这样的属性,否则,我们的设计便会成为垃圾。

从地球形成开始,所有生命逐渐形成了一个相互作用、平衡的网络。凡是在地球上生存的生物,都无法避免与另外一些有机体或生物产生联系和接触。理论上,我们的生存完全依赖于地球上那些尚未开发的景观地域的生产力。一旦这些生产力完全丧失了维持它们生命的各项功能,那么也就意味着我们将在这个世界上消失。对于规划师、社会设计者等环境设计师而言,应尊重环境的生态域性,应全力保护自然景观、保护景观的完整性以及景观中水和空气的质量。

(二)文化属性

人类在进行各种社会实践活动的过程中逐渐创造出了文化,文化的内涵是极其丰富的,它不仅包括知识、信仰、艺术、道德、法律、风俗,同时还包括了作为一个社会成员的人所能够获得的其他一切能力,当然也包括了建筑及建筑环境的设计和发展。构成环境艺术设计的因素很多,大致可以分为三个层次,下面就以建筑为例来阐述这三个层次:①以"形"为主的建筑物和环境设备等;②以"意"为主的建筑情感、场所意识、环境意识、环境观念、建筑思想等;③以"形""意"相结合的营造技术、营造制度、设计语言、建筑艺术(如图1-3所示)。

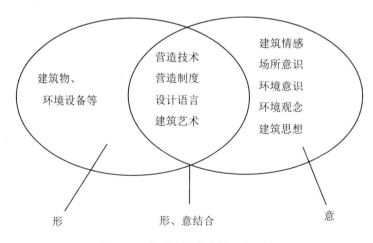

图1-3 构成环境艺术的三个层次

若从文化学的角度来讲，也就是文化构成因素的物质方面、心物结合方面、心理方面这三个部分来讲，环境艺术设计具备文化的属性，特别对其"意"有着必然的联系，我们可以通过环境的种种物质形态来揭示其所蕴含的各种思想意识，反过来，我们也可以应用环境的种种形态来反映出或营造出我们所向往的文化。

环境艺术设计的文化体系上要是以建筑文化内涵为要素所组成的系统，或简言之为建筑文化要素结构系统。由于建筑文化是关于建筑的意识形态的东西，因此，作为文化要素可以讨论的方面主要有：建筑哲理、建筑伦理、建筑心理等（如图1-4所示）。

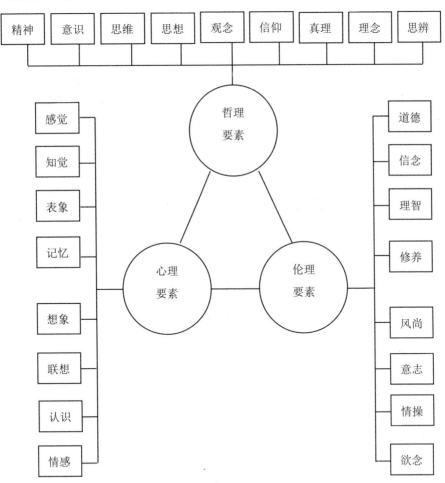

图1-4　环境艺术的文化体系组成

人们所知的社会是环境艺术的背景，之所以这样说，主要包括以下两方面：

①社会是由人创造才产生的；②社会也在一直不断地促成人们的基本思想意识观念，并且，所形成的人的基本思想意识观念也会随着社会环境的不同而有所不同，其中，包含了建筑以及其环境的文化意识观念。以上就是存在于环境艺术设计中的文化属性。

社会物质环境、社会制度环境以及社会精神环境共同组成了社会环境，社会环境形态的不同对人们建筑环境文化意识形态的形成有着较为直接的影响。同时，也包括不同群体规模的社会环境，即国家、民族或地域、社会团体或家庭，而具备不同社会内涵的群体也基本规定了人们建筑文化意识观念的内容。环境艺术设计反映着上述的文化特色，其本身也是文化的一部分，因此，环境艺术设计既是文化的产物，也是文化的体现，是社会体系的上层建筑之一。

人类各区域的环境艺术文化是由同一走向区别、又从区别走向同一的。谨慎地看待环境艺术设计中的文化属性，特别是在当今世界趋同的潮流当中，本土文化渐行渐远以至于大量流失，我们的环境尤其是城市环境更像是处于"沙漠地带"，我们更应从塑造文化的角度来看待设计的特殊价值。并且，一个区域的经济技术、民主制度发展水平越高，区域化的环境艺术文化属性也就会越强，这时，就会产生较为强烈的文化感染力。

（三）时间属性

环境艺术设计的时间性，也即时代性或历时性、阶段性等。世上客观存在的事物，包括有机物和无机物，都必然是由生命发展而来的，也就是说，它是一个形成、发展和消亡的过程。无论是人类的环境总体，还是任何区域的环境总体，都是以某种性质和内涵为主导的，并且总是在时间的演绎进程中形成的意识观念所组成的。环境艺术设计的主体和载体都是有机的人，其存在的历时性质就更显著、更明确，有生命的历时痕迹将在建筑文化的发展道路上留下不同特征的、醒目的印记，成为环境艺术设计发展的标志。

我们可以强烈地感受到，环境设计总是某一特定区域的，一定时期的产物，它的时代性特征非常强烈，环境艺术设计的这一属性使任何一种环境设计包括城市设计、建筑设计往往以那个时代的名称来代替，如西方建筑的古典主义时期、现代主义时期等，都是以某种建筑文化思潮来代表所流行于那个时代的建筑和环境艺术设计的。而任何一个时代都有其产生和发展的过程，在这一发展过程中，它主导着这一时期的环境艺术设计的总体内容，包括建筑构件、建筑体量、建筑风格、建筑群落、城市规划、空间形态、行为方式等。所以，环境艺术设计除生态、文化的属性外，还具备四维空间意义上的时间属性。

二、环境艺术设计的学科特征

（一）系统性与广延性的统一

环境艺术设计是与人类生产、生活密切相关的综合性学科，是多学科交叉的系统的艺术。城市与建筑艺术、绘画、雕刻、工艺美术以至园林景观之间的相互渗透促使了环境艺术的形成和发展。同时，环境艺术设计学科并不是这些知识简单、机械的综合，而是构成了一种互补的系统关系。从它内部的五大板块中我们能够看出，每一个板块都具有严谨的内在规律，并且彼此之间相互影响、互为前提。

环境艺术是一个多门类、多层次的专业，这本身决定了它必须能够反映出"有机整体"的特征来。我们可以从内部和外部这两方面来清楚地看到它的整体构成。（如图 1-5 所示）

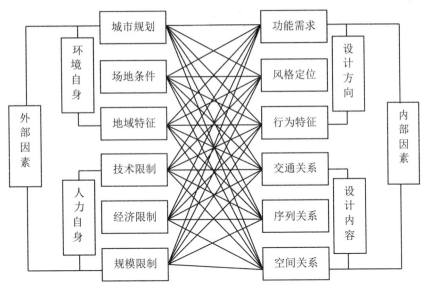

图 1-5 环境艺术设计的有机整体

设计学科的系统性与广延性决定了它的边缘性，它涉及诸如人类学、社会学、心理学、哲学、美学、逻辑学、方法学和思维科学、行为科学等众多传统学科。而环境艺术设计是在人工环境与自然环境两大范畴的边缘产生的，因此，它的专业知识范畴也处于众多的自然学科和社会学科的边缘。建筑学、城市规划、生态学、环境科学、园林学、林学、旅游学、社会学、人类文化学、心理学、文学艺术、测绘、计算机应用技术等都是环境艺术设计利用和借鉴的营养来源。

另外，多方专业人士的参与也体现出了其学科专业的综合性，培养的人才也是综合应用多学科专业知识的人才，这也是学科广延性的特点，它不仅向建筑学和城市规划人士开放，也向其他具备自然学科背景或社会科学背景的人士开放，持各种专业背景的人都有机会基于各自的学科基础从事环境艺术设计实践，它并没有固定的模式与严格的专业界限，这也体现出了它的广延性的特征。同样，环境艺术设计专业培养的专业人才也向以上的专业领域渗透，这显示出了其边缘性学科强大的生命力。

艺术设计系统是由众多不同的子系统组成的，每个子系统又自成体系，我们称为专业方向。环境艺术学科的任务，除了要努力掌握各系统的共同规律，还要尝试了解相关专业方向的特殊规律，这不仅有利于对系统的深入了解，也有利于把握各专业方向的特点和规律。

在艺术领域，各门类之间相互联系和融通的现象是普遍存在的。不同艺术之间的联系和融通存在着多种不同的方式。主要方式大致有以下两种：一是吸收与借鉴；二是相互配合。环境艺术在与其他学科的吸收、借鉴与配合下，向其他相关学科倾斜，走出各具特色的专业之路。图 1-6 就是景观设计与其他学科门类相互渗透转化的示意图。

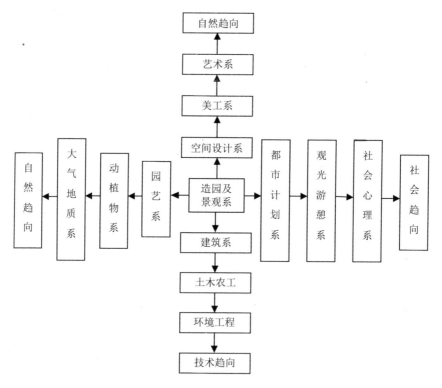

图 1-6 专业的倾向性

（二）技术与艺术的统一

从环境艺术设计的发展史中我们可以得出一个结论：任何历史时期的环境艺术设计都是技术力量与艺术力量综合影响的产物。环境艺术实用功能的现实要求使它会运用到最先进的技术手段，而它对艺术的追求使其深深地打上了文化的烙印。

就好比我们不用去讨论一个孩子是属于父亲的还是母亲的一样，我们也无须在环境艺术设计是属艺术的还是属于技术的问题上纠缠，也不必深究它到底是属理科还是文科，因为它本身就是这二者的结合体。从表1-1中我们可以看得更为明白。

表1-1　环境艺术技术内容与艺术内容的对比

技术层面	艺术层面
手工工艺	形态美
机械生产力	工艺美
材质的更新	材质美
结构力学的发展	构造美
新能源的发现和利用	人文思潮的影响
信息技术的应用	个人的情感积淀
管理水平的提高	历史的符号象征

虽然我们无法全面系统地罗列环境艺术设计中的所有技术和艺术元素，但是我们却非常明确一个观点。伴随着环境艺术中环境审美学、光学、心理学、生态学、植物学等新兴科技的出现，我们将其适用于环境艺术设计中，同时又深刻地理解着艺术领域中关于语言学、传播学、符号学等学科的价值，这将使环境艺术设计的技术性和艺术性结合得更为完美。

（三）感性与理性的统一

环境艺术的审美过程是一个多纬度的感受与认识过程，是感性与理性的统一。感性是基于个体的认识过程而言的，不受条件的约束，而理性离不开现实，离不开历史，讲求因地、因时、因人的各种条件的前提性。所以，我们常说艺术的本质是"带着锁链的舞蹈"，是"放飞在空中但仍牵线于手中的风筝"，它是感性与理性的矛盾统一体。

设计师的想法要不断地拿到实践条件中去检验、核实、论证，使理性与感性思维逐渐达到统一，只有这样设计的成果才能进一步得到贯彻。如图1-7所示。

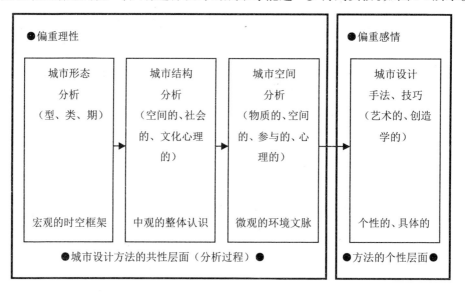

图1-7　环境艺术设计的理性、感性的侧重

从设计的定义中我们可以看到，设计是一种设想与计划，是"为达到预想的目的而制订的计划和采取的行动"。人类根据预想的目的来从事实践活动，只有人类才具有自觉的创造性行为。这也就决定了我们做任何环境设计都不是凭空的发挥，而是有目的、有计划的。它的形成不是简单的形式堆砌或任意发挥，而是基于场地各种条件准确而经济地应用设计语言进行的工作。同时它也不是机械地做算术加减法，而是在过程中通过感性的个性表达来张扬环境的场所特色。它鄙弃复制、拷贝，推崇独创、出新。

细分环境艺术设计中感性与理性的具体内容，我们以大致可以理出这样的思路，见表1-2所示。

表1-2　环境艺术感性成分与理性成分的对比

感性成分	艺术层面
对场所的某种情感	了解事物的内在规律
直觉的引导	场所的内在机能分析
灵感的出现	对基地未来形态的规划
创造性的某种形式	各个利益团体矛盾的综合解决
对文化的依赖	基地自然、文化、历史等因素的体验
对某种既有形式的喜爱	最合适形式的定位与选择

从表 1-2 中我们不难看出，环境艺术设计中感性与理性的成分往往是相互交织的，它不仅体现在创作上，也体现在审美和评价上，是多种思维的综合表现。设计水平的巨大差异也是缘于这诸多思维能力的差异。

（四）物质与精神的统一

事物的存在有三种形式：一是物质；二是信息；三是能量。环境艺术设计作为事物的主导形式是物质。我们说建筑首先是物质的，是指它总要占有空间、技术、能源以及物质材料，最后才能成为一个具备某种现实功能的实体而存在。作为一个"物"，它本身不能脱离物质，因而具备物质性；使用它的"人"，也是以物质的形式存在的，"人"也对物质有需求，也有物质活动。所以相对精神性，物质性是它存在的首要特征。

同时，环境艺术也是艺术的一种表现形式，它必须满足人的精神需要。这是它存在的次要特征，是由于人的精神活动和文化创造而使环境向特定的方向转变，从而形成特定的风格特征。关于环境艺术的物质性和精神性特征，可以列表说明，见表 1-3 所示。

表 1-3 环境艺术物质因素与精神因素的对比

物质因素	精神因素
构造材料	心理活动（感情、意志、品性）
构造方式的选择（地形、气候、文化）	私密性与交往
对各种破坏力的防范	对意义的纪念
各种物质功能的满足	民族性的表达
空间尺度的合理	对地域文化的强调
施工进度的运行	对时代精神的追求

第四节　环境艺术设计的目的

一、满足人的需求

环境艺术设计始终都坚持把使用和精神这两方面的功能放在首要位置，它的根本目的就是通过创造室内外空间环境来为人们服务，环境艺术设计的核心内容就是最大限度地满足人和人际活动的需要，综合地解决使用功能、经济效益、舒适美观、艺术追求等各种要求。要想很好地满足以上要求，设计者就必须具备多方面的知识，比如人体工程学、环境心理学以及审美心理学等，并对人们的生理特点、行为理念和视觉感受等因素以及室内外空间环境的设计要求进行科学且深入的研究。

美国人文主义心理学家马斯洛（Maslow）在研究过后，提出了以下五个人类共同具有的主要要求，从需求最低到最高的顺序排列如下所示：①空间环境的气候条件，也就是生理需求；②设施的安全和可识别性，也就是安全需求；③空间环境的公共性，也就是社交需求；④空间的层次性，也就是自尊需求；⑤环境的文化品位、艺术特色以及公共参与等，也就是自我实现需求。以上五种需求都紧密联系着室内和室外的空间环境，随着时间和环境的不同，人们追求这五种需求的强烈程度也会有所差异，但是不管怎样，总会有一种能够占据优势地位。

这五种需求之间的对应只有在其中一种需求得到满足之后，才能进一步实现对另外一种层次需求的追求。如果因为各方面的干扰，高层次的需求无法得到满足，那么人们往往就会优先考虑更低层次的需求。由此可见，环境空间设计应该首先要满足人们的低层次需求，然后再想办法最大限度地去满足人们更高层次的需求。

二、加强不同文化之间的交流

由于城市空间一直都处在一定地域和时代的文化空间，所以它不仅无法离开地域的环境启示，同样也无法摆脱时代的需求和域外文化的渗透。各地区文化之间往往都会存在或多或少的差异，这也就意味着它们的原则也存在着一定的不同。各地区在功能性和合理性方面虽然存在着一些共同点，但在历史、传统以及地区文化方面却又有各自的特点，呈现出了多样性。

我们要对不同地区的文化差异给予充分的尊重，要知道，外来的力量和影响在经过相互混合之后，所产生的冲突和协调，将会在很大程度上推进城市空间文化的发展。由于地域主义是地方文化传统与世界性文化模式这一矛盾的对立统一，所受文化和传统的影响千差万别，时代背景也不同，所以，现代城市空间环境也带有各个时期和不同地域范围的特征。

三、使设计更具科学性

纵观建筑和室内设计的发展历程，凡是兴起的新的风格和潮流，往往都是与当时的社会生产力以及发展水平相适应的。新型材料、结构技术、施工工艺等之所以能运用到空间环境中，与社会生活和科学技术的进步以及人们价值观和审美观的转变有很大的关系。

除了物质和设计观念方面的要求以外，环境艺术设计的科学性还在设计方法和表现手段等方面有着一定的体现。环境艺术设计要想达到既定的审美目标，就必须要借助一定的科学技术手段。所以，越来越多的设计师都已经开始掌握人性化科技系统的使用方法，这也说明了环境艺术设计科技系统渗透着丰富的人文科学内涵，人性化色彩浓厚。

建筑和室内环境正是这种人性化、多层次、多角度的大综合，是实用、经济、技术、物质性与审美的综合，受到了各种条件的制约。因此，没有高超的专业技巧，同样难以实现从物质到精神的转化。

四、使设计更加整体化和立体化

现代环境艺术在设计的过程中要充分考虑到整体环境、文化特征及功能技术等多方面因素，尽可能使设计的每一个部分以及每一阶段都能成为环境设计系列当中的一个环节。

"整体设计"往往特别注重以下几方面：①能量的可循环；②低能耗／高信息；③开放系统／封闭循环；④材料恢复率高；⑤自调节性强；⑥多用途、多样性、复杂性；⑦生态形式美等。总的来说，环境艺术设计的一个非常重要的观点就是整体化和立体化。

建筑室内外空间环境是一个整体的问题，我们可以将其看成是一个微观生态系统，它是生态的环境和生态活动的场所。我们要做的就是将室内空间扩展到整个城市空间，有机地、协调地将构成空间和环境的各种要素结合起来，把人们生活的环境视为一个整体，从政治、文化、社会、技术等各个方面进行考虑，系统地、综合地加以研究，使之整体协调地发展。以一种全新的方式将现代生活与一些有价值的因素结合在一起，充分利用空间环境中各种宏观及微观因素的创造性，实现个体环境对整体环境的贡献。

五、使环境设计得到长期持续的发展

只要有人类存在，只要社会在不断发展，只要生命没有停止，就必然会存在运动，这也就意味着，城市环境本来就是一个不停运动的体系，这也让城市空间环境有了成长的特性。

正是因为城市空间环境的这种成长性，设计师在规划设计之前必须要科学地去预测未来环境的可能发展，并且预测还应避免单一，应具有灵活性，并能预想出多种可能，只有这样才能使市的环境既具有历史文化传统，又能够保

持鲜明的时代特征。我们对于城市空间环境既要从整体上进行考虑，又要有阶段性分析，能够做到在环境的变化中寻求机会，并把环境的变化与居民的生活、感受联系起来，与环境景观的构成联系起来。

在城市识别性和历史文脉延续性的基础上，我们不难发现，空间环境是一个不断适应城市功能和结构的持续发展过程。设计的过程并不是传统、静态、激进的改造过程，而应该是连续、动态的渐进过程。环境艺术设计的阶段性特征就是一个渐进的过程，这也是它最大的一个特征，所以在设计时，要尽可能地利用现有的条件，留出足够的余地去保证今后或者下一层次的发展。

如果我们想利用人工的手段来达到这种目的，就不能仅仅是将美丽的景观看成是某个人的作品，而是应该将其变成自然的，只有这样，付出过的努力才会有所回报。不管是艺术还是审美自然，它们都有自己的生命，有生命的事物倾向于聚合，相互之间建立联系，以求共生，这是艺术和审美的根本原则。只有当文化体系和生态环境同步、同构、同态时，才能获得长期持续发展的可能性。

我们要做的就是同时使用自然系统和人工系统，让它们充分融合、共生和共荣，在这个过程中，我们才能更好地去塑造城市空间环境的文化特色，使人从赖以生存的社会和自然环境中获得特质，从环境整体和伦理道德的平衡点上去认识自然与人工环境的辩证关系。

第二章　环境艺术设计的基础与原则

对于环境的规划与调整有助于更好地利用空间，对环境进行艺术设计也要讲究一定的方式方法，了解环境艺术设计的基础与原则，提升对环境艺术设计的能力。本章分为环境艺术设计的人体工程学基础、环境艺术设计心理学基础、环境艺术设计的美学规律、环境艺术设计的原则四部分。主要内容有：人体工程学的定义、人体工程学的主要内容、环境心理学等。

第一节　环境艺术设计的人体工程学基础

一、人体工程学的定义

关于人体工程学目前没有统一的定义。各个国家的学者从不同的角度对人体工程学所下的定义会有所出入。但是仍有共同点，一是研究目的是实现安全、健康、舒适与最优的工作。二是研究对象是人、机、环境之间的相互关系。

任何一门学科都是针对特定的问题进行的研究，建立理论体系体现的就是这门学科的科学性。任何一门学科都会运用理论体系所提出的解决特定问题的方法，这就是学科的技术性。人体工程学作为一门技术学科，注重理论联系实际，更重视学科与技术的全面发展。人体工程学最大的特点就是将人与物两类学科联系在一起，试图阐释人、机械、环境之间的矛盾关系。理解人体工程学的含义，可以从以下四个方面着手。

在人体工程学中，人主要指作业者或者是使用者。主要研究人的生理特征、心理特征以及人对环境以及机器的适应能力。设计出满足人的操作习惯的产品也是人体工程学探讨的重要问题。人们工作与生活的环境，温度、照明、湿度等环境因素对人的工作与生活的影响是研究的主要对象。

人体工程学在解决有关于人的问题时有两种解决办法，一是通过训练使人适应机器与环境，另一种就是通过改良机器与环境来适应人的工作习惯。任何系统都是按照人体工程学的原则进行与管理的。

系统作为人体工程学的重要概念之一，人体工程学并不是孤立地研究环境、机器、人这些要素，而是从整体的角度来审视这些要素。系统本身就是它所属的一个更大的系统的有机构成部分。人体工程学不仅仅是研究环境、机器、人这三种要素之间的关系，也要从系统的整体来研究各个要素。

人的效能主要是指人的作业效能，通俗来讲就是人按照一定要求完成某项作业时表现的效果与成绩。解决人的管理问题最重要的是解决通过什么样的途径来获得最高的作业效能。人的效能不仅仅取决于个人的工作能力、工作方法、工作性质，还取决于人、机器与环境这三个要素之间的关系。

人的健康包括身心健康与安全。尤其最近几年以来，生活与工作压力使得人的心理健康受到了广泛的关注。心理因素会直接影响生理健康与作业效能，人体工程学不仅要研究对人的心理、生理有损害的因素，还要研究这些因素对人心理、生理的损害程度。

二、人体工程学的主要研究内容

人体工程学研究的主要内容大致分为三个方面：工作系统的人、工作系统的机器以及环境控制。人体工程学的内容与应用范围都非常广泛，可通过对人体工程学的研究来揭示工作系统中的人、机器与环境之间的相互关系，具体内容如下所示。

（一）人的因素研究

人是基础的因素。人的生理、心理特征与能力是整个系统优化的基础，人具有两种属性，即自然属性与社会属性。对自然人的研究主要包括人体形态的特征参数、人的感知特征以及在工作中的心理特征等。对社会人的研究主要包括人在生活中的社会行为、价值观念、人文环境等。通过这些因素的研究进一步完善所设计产品、工具、设施等与人的生理与心理特征的适应性，以为使用者提供更加优质的服务。

（二）工作系统中的机械

不同的研究对象涉及的因素各不相同，机器因素的研究范围很广，具体归纳为建立机器的动力学、运动学模型、信息显示、安全保障、使用方法等。工作系统中的机械也是人体工程学的重要研究内容之一。

（三）环境控制

环境的概念十分广泛，包括生产环境、生活环境、室内环境、室外环境、自然环境、作业环境、物理环境、化学环境、美学环境等。可通过对环境的有效控制来调节人体相关活动。

三、人体工程学研究遵循的原则

人体工程学研究会涉及不同的学科，如生理学、心理学、工程技术、仿生学、生物技术等。在进行人体工程学研究的过程中，应遵循以下两项原则。

（一）物理原则

物理中的杠杆原理、惯性定律等在人体工程学中同样适用，在处理问题的过程中还是应该以人为主，同时还要兼顾物理的原则，既要不违反自然规律又要遵循人的发展规律。

（二）心理原则

人体工程学必须要兼顾生理与心理原则，生理与心理互为影响。尤其是心理原则，人的心理会受到人的教育、经历、社会文化等因素的影响，人体工程学的研究一定要对这些因素进行重点分析。

四、人体工程学与环境艺术设计的关系

人类在生活中所使用的物质设施可以为人类的生活与工作提供便利。人们生活质量与工作效率的高低在很大的程度上取决于这些设施是否符合人类的行为习惯。自从人类诞生之后，人们就一直探索如何可以获得更高的生活质量与生产效能。虽然古代没有科学的理论与方法，但是人体工程学已经悄悄地萌芽。旧石器时代的砍砸器使用起来就没有新石器时代的打磨器方便、顺手；秦代的青铜武器、车马器等，其构造、尺寸、形制都和人们实际的使用、操作状况紧密联系。这些都是人体工程学要研究的问题。

人体工程学概念的原意讲的就是工作和规律，人体工程学在国内外由于研究方向的不同，产生了很多不同或意义相近的名称，如美国使用人体工程，而欧洲则使用生物力学、生命科学工程、人体状态学、人机系统等来表示。

我国对于人与工具、人与空间环境之间的规律性研究有着悠久的历史。春秋时期的《考工记》曾有过明确的记载。中规中矩的造城理念，符合人们进进出出的习惯，并且方便人们在城中活动。明清时期南方的"天井院"为人的起

居着想，三面或四面围以楼房，正房朝向天井并且完全敞开，以便采光和通风，各个屋顶向天井院中排水。正房一般为三开间，一层的中间开间称为堂屋，是家人聚会、待客、祭神拜祖的地方。

如今，人体工程学的宗旨正是舒适、安全、高效，通过对人的生理和心理的正确认识，为建筑设计提供大量的科学依据，使建筑空间环境设计能够精确化，从而进一步适应人类生活的需要。

五、人体尺寸与环境艺术设计的关系

（一）人体静态测量

在建筑空间与环境的设计中，对"尺度"的把握是最根本、最重要的手段。尺度意味着人们要感受到空间与物品的大小状况。因此，人体尺度成了建筑设计、环境设计、室内设计、家具设计等的一项基本参考数据。人体静态测量是指被测者静立地站着与坐着进行的测量方式。

从人与机的关系的角度来看，"机"的含义已经不能仅仅理解为在生产中所使用的机械设备。相对于建筑学专业的要求，"机"应该指人类生活的空间环境所能够接触到并与人体产生关联的各种空间设施，其范围涵盖了建筑室内空间、室外空间中的一切人工制造的物品。在空间的宏观层面上，大到城市、乡镇，小到街区、街道；在空间的中观层面上，大到建筑、桥梁、道路等，小到环境设施、环境小品等；在空间的微观层面上，大到各类家具及与人关系密切的建筑设施，如门窗、楼梯、照明系统、供暖系统、空调和通风设施等，小到栏杆扶手、把手，甚至是开关旋钮、插座面板等，都属于"机"的范畴。而"人"的含义则不仅包括人体尺寸，还包括人体构造、生理特征、人的心理和行为等方面的问题。

1. 人体尺寸与人体测量学

人体测量学通过测量人体各个部分的尺寸来确定个人与群体之间在尺寸上的差别的学科。虽然是一门新兴学科，但是却有着悠久的历史。早在 1870 年，奎特里就发表了《人体测量学》一书。在这之后，又有一大批数学家、哲学家、艺术家对人体尺寸进行了不断的研究，并积累了大量的数据。

第一次世界大战期间，伴随着航空事业的发展，人们急需人体各个部分的尺寸的数据，从而作为工业产业设计的准则，第二次世界大战期间，航空与军事工业产品对人体尺寸有了更高的要求，这一要求推动了人体测量学的发展。自此之后，人体测量学的研究成果不仅仅应用在了军事以及民用工业产品之中，还在人们的日常生活中也得到了广泛的应用。

2. 人体尺寸数据的来源

设计需要的是具体的某个人或某个群体的准确数据，因此需要对不同背景的个人和群体进行细致的测量和分析，以得到他们的特征尺寸、人体差异和尺寸分布的规律，否则这些庞杂的数据就没有任何实际意义。众所周知，我国幅员辽阔，地区差异大，人体的尺寸也会不同。伴随着时代的发展，人们生活水平不断提升，人体尺寸也会发生变化，想要得到全国范围内的人体各部位为尺寸的平均测定值将会是一项艰巨的工作。

（二）人体尺寸的分类

1. 构造尺寸

构造尺寸是指静态的人体尺寸，它是当人体处于固定的标准状态下测量出来的。它对与人体有直接关系的空间与物体有较大的影响，主要为设计各种设备提供数据。在建筑内部空间环境的设计过程中，最有用的12项人体构造尺寸是：身高、视高、坐高、臀部至膝盖的长度、臀部宽度、膝弯高度、侧向手握距离、垂直手握高度、臀部至足尖的长度、肘间宽度、肩宽、眼睛高度。

2. 功能尺寸

功能尺寸是指动态的人体尺寸，是人在进行某种功能活动时肢体所能达到的空间范围。虽然构造尺寸对某些设计的影响很大，但是对于大多数的设计，功能尺寸可能有更广泛的用途。人们可以通过运动扩大自己的活动范围，企图根据人体构造尺寸解决一切有关空间和尺寸的问题是很困难的。

（三）人体动态测量

人体动态尺寸测量是指被测者在动作状态下所进行的人体尺寸测量。任何一种身体活动，身体各个部分的动作都不是可以独立完成的，而需要协调一致，具有连贯性与活动性。人体动态测量会受到多种因素的影响。因此，不能用人体静态测量的数据来衡量人体动态测量的相关问题。

1. 肢体活动范围与作业域

（1）肢体活动角度

肢体活动角度分为轻松值、正常值和极限值。轻松值多用于使用频率高的场所，正常值则用于一般场所，极限值用于不经常使用但涉及安全的场所。

（2）肢体活动范围

人的动作在某一限定范围内呈弧形，由此形成的包括左右水平和上下垂直动作范围内的一定领域，称之为作业域。由作业域扩展到人—机系统全体所需的最小空间就是作业空间。一般来说，作业域包含于作业空间中。作业域是二维的，作业空间是三维的。

（3）手脚的作业域

人们在日常的工作和生活中，无论是在办公室还是在厨房，都是或站或坐，手脚在一定的空间范围内做各种活动。这个域的边界是在站立或坐着时手脚所能达到的范围。这个范围的尺寸一般会用比较小的值来满足多数人的需要。手脚的作业域包括水平作业域和垂直作业域。

水平作业域是指人在台面上左右运动手臂而形成的轨迹，手尽量外伸所形成的区域为最大作业域，手臂自然运动状态下所形成的区域被称为通常作业域。

垂直作业域指手臂伸直，以肩关节为轴做上下运动所形成的范围。垂直作业域与摸高是设计各种框架与扶手的根据，用手拿东西或者操作时需要眼睛的引导，因此架子的高度会受到视线高度的影响。受视线高度影响的还有抽屉的高度等。门拉手的位置与身高有关，一般办公室用门拉手的高度为 100 cm，家庭用门拉手的高度为 80 至 90 cm，幼儿园门拉手的位置相对较低。欧洲有些地区的门上会装有高、低两个门拉手，分别供成人和儿童使用。

（4）影响作业域的因素

①有一定的作业空间。

②手的操作方式。

③活动空间内是否具有工具。

④并非任何地方都是能触及目标的最佳位置。

2. 人体的活动空间

人体姿态的变换与人体移动所占用的空间构成了人体的活动空间。人体的活动空间要大于作业空间。

（1）姿态的变换

姿势的变换所占用的空间并不一定等于变换前的姿态与变换后姿态占用空间的叠加。人在运动的过程中，重心会发生变化，力的平衡也会发生变化，还会伴随着其他肢体运动的变化。因此，不能保障占用空间等于上述空间的叠加。

（2）人体的移动

人体在移动的过程中所占用的空间不仅仅包括人体自身占用的空间，还包括在进行连续性动作的过程中人体肢体的摆动所需的空间。

（3）人与物的关系

人与物相互作用时所占用的空间范围可能大于或小于人与物各自所占空间之和。人与物相互作用时所占用的空间的大小要视其活动方式而定。

（4）影响活动空间的因素

①着装。

②姿态。

③各种姿态下工作的时间。

④工作的过程、方式以及使用的工具。

⑤民族习惯。

3. 测量方法

测量人体尺寸参数中，所使用的测量仪器有人体测高仪、坐高仪、角度计、人体测量用直脚规、人体测量用弯脚规等。我国关于人体尺寸测量的专用仪器已经制定了相关标准。

测量时应该在呼气与吸气的中间进行。测量有着严格的次序规定，从头到脚，从身体的前面，经过侧面，最后是后面。测量严禁压紧皮肤，要确保测量的准确性。如果没有特殊目的，一般只测量左侧。测量项目应该根据实际需求确定。

六、人体测量学在环境艺术设计中的应用

（一）数据选择

一般的建筑设计以及相关产品都有特定的使用人群，不仅要清楚地了解使用者的年龄、性别、职业等信息，还要了解特殊群体的数据，比如老年人与残疾人。这样的数据对于建筑设计是有帮助的，会帮助设计师设计的作品与使用者的尺寸特征相符合。

（二）基本原则

在设计中要正确应用人体尺寸数据，对人体测量的基本知识有清晰的了解，熟悉相关设备的操作技能，了解工作中的工作环境、人的生理与心理的特征，这些知识是必备的。

人的身体尺寸的数据是不一样，但是建筑设计不可能满足所有的使用者。为了使建筑设计可以满足更多的人，根据建筑的用途以及应用情况，应用人体

尺寸时需遵循以下几项原则。

第一，极端原则。该原则根据设计目的，选择最大或最小人体尺度。由人体身高决定的物体，如门、船舱口、通道、床等的尺度要用最大尺寸原则，而由人体某些部位的尺寸决定的物体，如取决于手上举功能臂长的拉手高度时则要用最小尺寸原则。

第二，可调原则。出于对人的身体健康以及安全的考虑，在设计的过程中一定要遵循可调原则，也就是所选择的尺寸要在第 5 百分位与第 95 百分位之间可调，这样可以满足更多使用者的需求。

第三，平均原则。虽然"平均人"这个概念在设计中不太合适，但是很多建筑设计会采用平均数据作为设计的依据，也就是会以第 50 百分位数值作为设计依据。

（三）衡量标准

1. 舒适性

尺寸衡量标准的设定是为了满足不同的使用条件。火车卧铺按照功能尺寸来衡量肯定是合理的，但肯定没有五星级酒店的大床睡着舒服。坐过火车的人都知道，火车卧铺的高度也是不等的，但是宽度是一致的。火车卧铺的宽度是为了满足的功能需要，酒店床铺的宽度不会像火车卧铺的宽度一样，舒适性也是有选择尺寸标准的。

2. 安全性

在一些涉及安全问题的场所，往往会使用极限尺寸去限制或保护人们以避免发生危险。这些尺寸的使用是以安全性为标准的。

（四）注意事项

在实际的设计过程中，尺寸并不会很精确，还会受到形式的影响。例如，公共场合中的大门把手的设计，就需要考虑到形式的问题，不同材质和色泽的物体在环境中的尺度要和人的感受相结合。

明确设计的使用者与操作者的真实情况。设计的产品会有一定的针对。因此，在设计的过程中一定要充分考虑使用者的特征，如性别、体型、身体健康状况等。

确定设计产品的类型。设计产品功能尺寸的主要依据是人体尺寸百分位数，选择人体尺寸百分位数又要依据产品类型。

第二节 环境艺术设计的环境心理学基础

一、环境心理学

（一）环境心理学概述

由于所接受的教育、社会文化、民族、地区等不同，不同的人在空间中的行为也会出现差异，行为特征与心理的研究对建筑空间环境的设计具有重要的影响。

在人与人之间的相互作用、人的行为方式中，空间环境的形态起着很大的作用。阿尔特曼认为，空间的使用既由人来决定，同时它又决定着人的行为。

人的心理活动并不是一成不变的，会随着时间与空间的变化不断变化，每一个人的性格、爱好、文化素养、气质不同，心理活动也千差万别，因此造就了心理活动的复杂性。心理学的研究也在不断深化，心理学的应用范围也在不断扩大。

环境心理学虽然是一门新兴的学科，但是也是一门快速发展的学科，环境心理学主要研究环境与人的行为之间的相互关系，作为心理学的一个重要分支，还是以心理学的相关概念与方法来研究人与环境、空间之间的相互作用关系。

（二）心理空间

人们并不仅仅以生理的尺度去衡量空间，对空间的满意程度及使用方式还取决于人的心理尺度，这就是心理空间。

1. 个人空间

每个人都有自己的个人空间，这个空间具有看不见的边界。在一般情况下，个人身体前面所需要的空间范围要大于后面，侧面的空间范围则相对较小。个人空间还具有灵活的伸缩性，人与人之间的密切程度就反映在个人空间的交叉与排斥上。但在一些特殊场合，对个人空间的要求不那么严格，如在拥挤的交通工具上或是在演唱会、足球场的观众席里。影响个人空间的因素有很多，如文化素养、宗教信仰、社会地位、个人状况、喜好等。

2. 人际距离

人际距离是指人们在相互交往的过程中，人与人之间所保持的空间距离。按照人的不同感官所反映的不同空间距离，将人际距离分为嗅觉距离、听觉距离、视觉距离，详述如下。

嗅觉距离。嗅觉的感受范围有限，当气味不是十分浓郁时，只有在 1 m 之内才可以闻到这种气味，当气味十分浓郁的时候，一般是在 2 至 3 m 处也可以闻得到。

听觉距离。听觉距离的知觉范围比较广泛，在 7 m 以内，交谈是没有任何问题的，在大约 30 m 的距离时，可以听清楚演讲，但是正常的交流是有问题的，一旦超过了 35 m，一般就只能听清楚人的高分贝的叫喊声，具体内容就无法听清了。

视觉距离。视觉距离同样有相当大的知觉范围。在大约 100 m 的地方，可以看见人影或者是具体的个人。在 70 至 100 m 的地方，可以准确地看清人的性别与面貌，在大约 30 m 的地方，可以看清人的面部特征、发型和年龄；当距离小于 20 m 时，则可看清人的表情；如果距离为 1 至 3 m，就可以进行一般性的交谈。

3. 领域性

领域性是指个体或群体对一个地带的排外性控制。领域性行为运用于人本身的分析和研究始于 20 世纪 70 年代。

领域性与个人空间最大的不同就在于，领域性并不会伴随着人的移动而产生转移，领域性更加强调专属性，任何私自的闯入者都会遭到抵制。人与动物的领域性也并不相同，动物的领域性具有生物性，人的领域性则是会受到来自社会与文化等多方面的影响，不仅要兼顾生物性，还要兼顾社会性。

（1）领域的类型

主要领域。指个人或群体所拥有或占用的空间领域，可限制别人进入，如家、房间以及私人空间等。

次要领域。与主要领域相比，次要领域显得不是那么专门占有，这类空间领域谁都可以进入，然而还是有一些个人或群体是这里的常客，所以这类领域具有半私密半公共的性质，如会所、俱乐部等。

公共领域。公共领域中个人与群体就谈不上占有空间，如果一定要说有占用，只能称之为暂时性的，当使用结束之后，这种短暂的占用也会随之消失。

（2）领域性的作用

安全。安全是基本的需求，很多占有领域都是出于对自身安全的需求，在领域中可以感受到安全。不管是人类还是动物，只有在领域的中心才会有安全感。对于动物的相关研究表明，安全、食物与性并不能完全代表领域行为的主题，如大草原上如果只有两只鹿，它们还是会划分出彼此的边界，并不会因为空间的大小就模糊领域的概念。

如果在岛上放养一群罗猴，他们自然而然就会形成一个个的小群体，群体之间还会有领域界限，如果有猴子试图越过边界进入对方的领域，就会被该领域内的猴子攻击，个体间、群组间都会出现对领域的争夺，争地域、争房子等，说白了都是对领域的争夺。

相互刺激。不管是动物还是人，为了领域产生的斗争也时常发生，只是表现形式不同而已。刺激是机体生存的基本要素，如果个体失去刺激之后，就会出现心理与行为的失常。

自我认同。领域之间维持各自所独有的特色，可以更好地区分彼此。但是，如果出现控制某一领域的情况之后，这种特色就会被弱化。

控制范围。控制领域的方法主要有两种：领域人格化与领域的防卫。对于一个领域的控制范围来讲，边界是最容易产生矛盾的地方，边界的重要性自然就体现出来了。大到国家、民族，小到个人都会涉及边界问题，举例说明，假如你的办公区域被人无故侵占，你肯定不愿意，这就是领域性的重要性。

4. 私密性

私密性并不等同于个人的独处，私密性强调的是个人与群体有目的或者是有选择性的与他人接近，其可以决定交往的方式与途径，可以选择在什么时机与他人交换信息。私密性与公共性是相对概念，都是人的社会需要。

私密的类型：①孤独；②亲密；③匿名；④保留。

私密性的作用：①个人自我感受；②表达情感；③自我评价；④隔绝干扰。

二、环境行为学

（一）环境行为学概述

环境行为学作为一门新兴的学科，主要研究人的行为规律以及人与环境，人与人之间的相互关系，研究范围很广，会涉及很多因素。环境行为学的基本观点是人的行为与环境在一个交互作用的生态系统与环境中可持续发展的过程。环境与行为的交互性作用可以归纳为以下几方面的内容。

①环境提供知觉刺激，这些刺激能在人们的生理和心理上产生某种含义，使新建成的环境能满足人的生理、心理及行为的需要。

②环境在一定程度上鼓励或限制个体之间的交互作用。

③人们主动建造的新环境又是影响自己的物质环境，是一个新的环境因素。

（二）人的行为与环境设计

1. 行为空间的尺度

以人在环境中的行为表现，将建筑空间划分为大空间、中空间、小空间、局部空间等行为空间。

大空间是指具有公共行为的空间，空间尺度较大，空间感开放。中空间是指具有事务行为的空间，既不属于单一的个人空间也不属于相互没有联系的公共空间，既有开放性，又有私密性。

小空间是指具有很强个人行为的空间，具有很强的私密性，空间尺度不大，可以满足个人的行为活动需求。局部空间是指人体功能尺寸空间，可以满足人的活动范围与动态活动需求。

2. 行为空间的分布

以人在环境中的行为状态将行为空间的分布划分为有规则与无规则这两种情况。

（1）有规则的行为空间

有规则的行为空间大多数为公共空间，主要表现为前后、左右、上下以及指向性分布状态的空间。

前后状态的行为空间，一般是指具有公共行为的空间，例如，普通教室、观众厅等。前后两个部分的人群分布，要根据行为的具体要求，重点是根据人际距离来确定行为要求。

左右状态的行为空间，如我们常见的展览厅、画廊等具有公共行为的空间。在设计这类空间的时候，要着重解决安全与疏散问题，使用消防分区的方法来设计空间。

指向性状态的行为空间，一般是指通道、走廊等具有明显方向感的空间，在设计的过程中一定要注重人的行为习惯。空间方向一定要明确清晰，并具有指导性。

（2）无规则的行为空间

无规则的行为空间一般是指个人行为较强的空间，在这类空间中分布的状态没有被十分严格的要求，一般比较随意，在设计这类空间的过程中，不能过于死板，一定要灵活掌握。

3. 行为空间的形态

常见的空间形态有圆形、方形、三角形及其变异图形，如长方形、椭圆形、钟形、马蹄形、梯形、菱形等，以长方形居多。究竟采用哪一种空间形态，要根据人在空间中的行为表现、活动范围、分布状况、知觉要求、环境可能性，以及物质技术条件等因素来研究确定。

三、环境行为心理学在环境艺术设计中的应用

（一）环境设计应符合人们的行为模式和心理特征

当今社会自然环境的恶化引起了人们对环境的关注。环境应该怎么样才可与使用者的行为心理相一致？这就需要人们对环境行为心理学进行深入研究，研究人们的行为与心理在环境艺术设计中的作用与关系。

在过去很长一段时间中，设计师对自己设计的作品都十分有自信，他们坚信可以实现按照自己的意志创造一种新的秩序，环境就是人的行为的决定因素，使用者会与自己的设计初衷相一致。这样的观点无疑造成了人与环境的隔阂。

环境艺术设计并不是一门单独的理论，也不是一种纯粹的技术，而是涉及了多种学科领域的综合内容。人们通过对环境、行为、心理之间关系的研究，试图探索出行为、心理、环境三者之间的具体联系，使其满足人们的物质与精神需求。

环境艺术设计归根究底是为人类服务的，但是人的需求是动态性的，会根据不同的社会背景与情境产生不同的心理特征，对需求的要求也会产生变化。了解特定场与行为的规律，可以使环境设计发挥出最大的价值。

环境艺术设计需要了解使用者在特定环境中的行为与心理特征，避免出现设计师只凭借自己的主观判断，毫无思考地进行设计的现象的发生。环境艺术设计在无形中为设计者与设计师构建了一个沟通的平台。

（二）认知环境和心理行为模式对组织空间的提示

合理安排环境场所的各种功能，提高环境的使用效率。合理地利用空间的流动，在日常生活中人们出于不同的目的会从一个空间移动到另一个空间，空间流动会呈现出明显的规律性与目的性。人群在空间中的流动，是确定环境空间的规模以及相互关系的重要依据。

除此之外，还可以利用空间分布。空间分布就是指人们在特定的时间段中的分布情况，根据环境空间中的分部情况可以归纳出一定的规律。人们在环境空间中的分布归纳为：随意、扩散、聚块三种形式。在人们的行为与空间中存在着密切的联系，呈现出了一定的规律性。

从这些规律中可以看出风俗习惯、社会制度、建筑空间构成等因素的影响，从局部推测整体的规律，再将这些规律一般化，就会形成行为模式，设计师以此为依据进行方案设计，最后确定方案的可行性，落实方案。

（三）使用者与环境的互动关系

在特定的社会关系中，人会同时被看作是主动的、被动的，会根据具体的情况来决定人的主动与被动的位置。在这种人与环境的互动之中，人的生活方式的变化会对空间需求产生影响。

环境艺术设计更应该注重对人们生活规律的研究，实现人们对空间环境的需求，在现实生活中，不可能所有的人都会按照设计意图来使用空间环境，这种情况要因人而异，具体情况具体分析。

一场优秀的戏剧舞台设计与演员的演出是相互促进的关系，对于设计过程中的现状与使用现状也是一样的关系，两者之间的关系并不矛盾，从某种程度上看，人们塑造了文化环境，但是空间环境也在影响着文化环境。

第三节　环境艺术设计的美学规律

一、注重环境艺术设计的形式美

环境艺术设计的意义就在于表现空间的使用价值。空间的审美价值会通过空间的功能表现展现。如果功能的意义不明确，可以借助一些方法进行暗示，弥补缺失的意义。

在环境艺术设计中，分析设计的符号、创新、构成的过程时不难发现空间的特性，即多元性、重复性、重构性、变形性、隐喻性，这些特性共同造就了环境艺术设计的多样性，应用在具体的环境艺术设计中时，具有锦上添花的作用。

环境艺术设计就是建立环境的组织化与结构化的方法，环境的美化与装饰的关键原则就是将设计中的基本元素整合在一起，形成一个综合体。环境艺术设计有三个关联的功能可以提升环境的机体健康：第一，增加环境的可识别性；第二，提升环境的品质；第三，突出环境的特征。

视觉效果是衡量环境艺术的重要标准，具体为视觉秩序的平衡、对比、韵律、尺度等，环境艺术设计就是创造愉悦的视觉活动，也是一个追求快乐的视觉形式的塑造过程。

环境艺术设计并不是简单地将所有的使用功能综合起来，而是将环境中所需要的基本元素与复杂的功能结合在一起，换句话说就是将综合的因素融合在一起，满足人们的不同需求，具体而言就是要满足以下几方面的要求。

（一）统一与多样

统一和多样是环境艺术中的基本造型术语，环境艺术作品的优美性必须要立足于统一与多样之上。统一就是指环境艺术设计中的构成的协调关系，包括色彩、造型形状和肌理等方面；多样则是说明在环境艺术设计中，类似于同一线性的粗细、长短和疏密变化等造型元素的差异性。

任何造型艺术都是由好几部分组成的，这些部分相互间既有联系又有区别，只有按照一定规律将部分合成一个整体，才会体现出其艺术的感染力。统一与多样是彼此对立和依存的，存在着辩证关系，缺少任何一方都会显得单调，会出现杂乱无章的效果，也就无法构成美。因此，环境艺术设计要想符合形式美的法则，就一定要创造出统一和多样的形式。

（二）均衡与稳定

人类自古以来就重视重力，在与重力斗争的过程中还形成了一系列关于重力的美学概念，也就是均衡与稳定。人们在认识自然现象中明白了，生活中的所有事物都需要做到这两点，且在达到这一过程中还要具备一定的条件，例如，可以像人一样身体是左右对称的，或是像树一样下部粗而上部细等。并且，人们也在实践造型的过程中发现了均衡和稳定的基本规律，这一原则的造型在实践中不仅体现了人的舒适感，也证明了构造的安全性，于是人们在进行环境和建筑设计时，要始终保证均衡和稳定的原则。

均衡表现为两种形式，即对称与不对称。均衡的应该是对称的，再加之其还体现了严格的制约系，所以还具有完整的统一性。均衡的对称常常会有稳定的平衡状态，其重点是一般都会存在轴线。在很早以前，人们就会将这种形式应用于环境和建筑设计中，无论是过去还是现在，都有许许多多的著名建筑，它们通常会用对称来获得均衡与稳定，以及工整严谨的环境氛围。

（三）韵律与节奏

韵律和节奏本来是音乐中的常用术语，后来才在造型艺术中表现出了美的形式，其特性为连续性、重复性和条理性等，其也可以说是一种秩序，自然界中这种有序的形态到处都能见到，比如大海中的层层波涛和远山的绵延起伏等。相同或相近形态间有排列规则的变化关系是可见韵律的表现形式，就如同音乐中的乐章，有着明显的节奏感和韵律美。

重复以时间和空间为基础的环境艺术构成要素，是韵律的设计原则。这样的重复不仅在视觉上体现出了整体感，还能将观察者的视觉和心理韵律引导到同一构图之中，或者是在同一个空间中按照同一条行进路径连续做出有节奏的反应。韵律还可以在室内细部处理和立面的构图、装饰中，通过元素渐变与重复等形式体现；能在空间序列中通过空间的纵横、宽窄、高低和大小等变化得以体现。

让人满意的开放韵律一定结束在尽端。有韵律关系的形式无论在空间中是在点、线、面哪个方面有重复，都会造成一定的方向感和运动感，人们则会在这些暗示下于空间之中穿行。以前人们在感受韵律时，除了会使人们产生连续的、愉快的趣味，还会让其在思想上，对末端将要出现的，重要且让人激动的事物有所准备。因此，作为开放式的韵律，结尾是必不可少的，且还应是一个非常重要的高潮，用来表明之前所做的准备都是必要的。

建筑环境中体现韵律美的方式非常广泛，从古至今，无论东方还是西方都存在着充满节奏感和韵律美的建筑，也正是人们常常将建筑称为"凝固的音乐"的原因。

（四）对比与类似

类似的意思是在要素间应有相同类型的因素，而对比意味着造型因素在互相衬托中存在差异因素，两者对于形式美来说都是不可或缺的。类似可以为了和谐而让相互间存在共同性，对比则可以通过双方的烘托体现其不同特点。人们感到单调时常是因为没有对比，而将对比进行过分强调时还会丧失相互间的协调，结果就是彼此孤立，因此正确的做法应该是巧妙地将两者进行结合，实现有变化但又和谐的一致。在设计环境艺术时，不管单个或群体、局部或整体，在外部还是内部，其形式要想完美统一，就要运用到对比与类似的手法。

（五）比例与尺度

比例中有比率与比较的含义，在环境艺术的设计中是指部分与整体之间的数量关系。早在古希腊时期，人发现了黄金比，也就是我们常说的黄金分割率，同时也是人们最常说的最佳比例关系。

黄金比的意思也就是说可以将一个线段，分成一段长和一段短，要求长与短的比例同整段长度和较长部分的比例一样，如果在造型中应用到了这种长短的比例关系，就能称之为美的形式。环境艺术所设计形象的很多方面都需要我们运用理性的思维做合理的安排，如空间分割的关系、所占面积的大小和色彩的面积比例等。

人与他物间形成的大小关系即为尺度，其中形成设计的尺度原理和大小同比例也有一定的关系，这两者都是用来处理物件相对尺寸的。其不同点就是，尺度体现的是相对于公认常量和已知标准的物体的大小；比例则是组合构图中部分间的关系。

好的环境艺术需要好的、合适的尺度，有着不同用途空间的不同环境决定了多样的尺度关系类型，每个空间环境的效果都要按照其不同的使用功能获得，并且还要确立好自己的尺度。

环境艺术要想具有一定的尺度感，就需要在设计中引入一个可以参照的标准，找好参照物，这样才可以产生尺度感。事实上，环境艺术的真正尺度就是人，人才是最标准的参照物。只有这样的尺度才可以让人感受环境艺术的整体尺寸，从而确定究竟是高大雄伟还是亲切宜人的。

（六）质感和肌理

每个人对于不同的材料质地有着不同的感受，这种感受可被称之为质感。材料在手中的软硬程度，加工时的难易，以及光感的鲜艳与晦暗等，这些特点都能将人们的知觉活动调动起来，同时还能调动起类似体力和运动等感受的综合过程，而这一过程所表现出的是人们对物质材料的形态心理，到底是光明、温柔、坚韧还是雄健的。因此也可以得出，环境艺术设计过程的重要内容就是应该对各种材料的加工、形态和物理特征等有正确的认识与选择。

环境艺术中的肌理有两方面的含义，其一指的就是环境各要素的构成中形成的协调统一和富有旋律的图案效果。这种肌理的形成可以是很多因素，如植物等自然要素、一些材料或是建筑物本身，室内环境内外部的细节设计中，最不能缺少的就是对一种或几种材料肌理的变化追求。它不仅可以在变化中表现出情趣，还能体现其和谐、统一的形式，即使是在与其他环境的对比过程中，通过肌理的对比与反差，也可以形成视觉的冲击力，成为环境空间中的核心内容。肌理的变化是有一定规律的，这样会为环境空间营造丰富的氛围，并给予人心理以不同感受。

其二指的就是材料在人工制造中产生的工艺肌理，与自身的自然纹理相比，其可以在很大程度上提升美的质感。在理解肌理时，我们可以将"肌"当作原始材料的质地，将"理"当作是纹理起伏的编排。就像是一张白纸，经过折叠后可以折出不同的形态。花岗石可以磨成镜面，虽然材质没有发生变化，但是肌理形态却有所改观。因此我们可以看出，"肌"是对问题的选择，但"理"

却可以设计出更多的可能，所以我们在今后的环境艺术的设计中，更应当注重对纹理的设计。

（七）整体的均衡

在环境艺术设计中，均衡不仅仅体现在了视觉在静态状态下的景观立面的印象中，运动中的视觉所捕捉不到的不同景观立面，更是体现在了序列产生的影响之中。这样就可以得出这样的定义，均衡如果在景观立面的设计中得到了确定，那么在复杂的平面中也会得到同样的确定。

环境景观的均衡，在绝大多数情况中取决于平面，平面决定了景观的元素布局。平面的重要性就体现在，人们在环境景观中会先看到什么，再看到什么，也就是视觉感受的顺序。所谓的均衡就是指具体构图中积累的最终成果，这个成果包括平衡、不平衡的体验累积总值。

一个人的正常活动路线是一条径直向前的直线，但是由于客观因素的影响，可能会出现路径的改变，如果这个人改变了方向，我们还可以通过暗示的方法进行重新矫正，暗示的出现是均衡的体现。

在整体的均衡中，我们不能要求做到每一个视点都是均衡的，因为绝对意义上的均衡是做不到的，只能做到相对意义上的均衡。环境艺术设计必要立足于运动的自然过程，人们会将上一个不平衡的场景中的视线带入另一个不平衡的场景中，这种不平衡的体验会在下一个或者以后的环节中得到矫正，得到新的平衡。这种均衡是一种宏观意义上的均衡。

二、环境艺术设计中的美学特质

设计美是人类设计活动的产物，和传统的艺术美有着诸多相通之处。但就其现实存在的形态和审美倾向而言，它与传统的艺术美又有着显著的差异与特点。设计美是产品物质功能、实际效用、科学技术与审美表现的统一，是产品在合于规律与合于目的的统一中所表现出来的整体自由。其特殊性主要表现在功利性、兼容性和立体性上。

（一）功利性

和传统艺术美所追求的纯粹精神性不同，设计美的价值取向首先与产品的功能目的相联系。相对于传统纯艺术，环境艺术设计作品中的功利性更显著、更集中、更典型，而设计产品的形式表现也始终遵循着从功利向形式转化的这一条路线。

首先，这种功利性的基础性追求使产品设计必须具有直接的实用目的，蕴涵与实用相关的理性内容。比如原始时代的弓箭设计，其首先来自人们在实践中对于形式目的由模糊到精微的感知，弓的弧度、箭镞的对称、弦的韧性逐渐形成了弓箭大致的形式。而且古往今来，从原始陶罐到现代的日用器皿，绝大多数都是圆形的，一方面来自生活的需要，另一方面是因为圆形能够以最小的圆周构成最大的容积，节省材料、便于旋转制作。功利性也反映着人类生存的需要、使用的便利、经济的节约和技术的水平。功利中有非精神化甚至限制精神性的一面，但是同时它又为人类精神性的提升提供了唯一的基础，正是功利的基础性才为人类精神审美的实现提供了现实的可能性。

功能性的发挥、现实使用的满足更给人带来了相应的生理快感，形成了一种生理与心理的共同愉悦，这种愉悦随着产品实用性与形式感的进一步融合逐渐变得纯粹，甚至逐渐加强，在人与设计产品的交流中，形成了物我统一的和谐与默契，融合了人与外物的复杂情感，并最终达到了人类自身本质力量、能力、智慧的自由，使对于设计产品的审美也由此成了现实。

所以优秀的设计作品一定能够使人们达到这种由生理快感到审美情感的提升，超越其固有的功利层次，体现出蕴涵功利的审美境界，让人们能够在充分享受物质功利带来的便利的同时，获得精神上的享受。比如汽车的制造，最初是简单地模仿马车的样式，但是随着人们对汽车速度要求的不断提高，车身形式的阻力成了障碍，并影响到了驾驶人员的安全，于是开始出现封闭式的流线型车型，小汽车的造型由船形发展到了甲虫型，再到鱼型、楔型，外形线条日益简洁、流畅，显现出了形式的美感。

所以可以说，对设计产品功利性的深刻发掘以及现实条件的掌握是设计美形成的关键，设计功利的成功实现不仅带来了使用的快感，还将在设计美感中占据相当的比重，成为美感融合的一部分。那么对于设计者而言，就必须首先同时重视对设计中实用性能和生理快感的研究，扩大快感满足的范围与深度，将设计的理性尽可能完善地表现在产品审美的表达当中，实现产品目的与规律、形式与内容的完美统一。

（二）兼容性

与传统纯艺术的艺术形式性、观赏性，表现社会信息的间接性不同，艺术设计必须涵盖社会整体文明现象的方方面面，是社会生活、道德伦理、市场需求、科学技术、思想情感、审美思潮等综合性汇集的兼容性表达，包含着自然美、社会美、技术美、艺术美、思想美各个方面的内容。这一现象与人类的综合性需求息息相关，人类的需求是由物质与心理共同构成的，人们不仅仅需要寻求物质功利的便利，还需要在社会文明中全面地表达自己，寻求全面发展的最大可能性，而其中也自然包括了对精神性提升的可能性。

再比如悉尼歌剧院、蓬皮杜艺术和文化中心、布鲁塞尔原子球展览馆等建筑，其均是科学、艺术以及相关社会与自然因素共同作用的产物，包含着多层次的社会进步内容、时代运行节奏与历史人文意义。

设计美学的另一重要特点还表现为对自身设计风格与大众消费需求的兼容。与传统纯艺术侧重艺术个性、自我表现不同，艺术设计必须考虑市场消费人群的普遍审美倾向，有意识地发掘、契合、创造普遍性的美感。设计者首先必须做市场调查分析，了解目标消费群的经济收入、心理特点、文化程度、消费倾向、审美情趣，并将其综合分析，以作为艺术设计的根据。而设计师的创作个性与风格也只有在融合到大众消费的审美情趣中才能得到充分的表达与实现。

除以上所讲的横向的综合兼容，优秀的环境艺术设计作品还应该能够实现一种形而上的兼容与表达，以实现艺术品思想境界与哲理意蕴的提升。比如西方传统教堂建筑遵循的是基督教神学以上帝为中心的理念，代表基督的十字尖顶位于哥特式教堂的顶端，表示神为最高等级，人从下往上看，构成了对神的敬仰，对天堂的企盼和向往，教堂内所有的装饰、布置都簇拥着神的形象，为神服务，烘托出了神的神圣、伟大和美，整体设计将信仰的表达寄托于艺术的形式之中，让这一作品具有了一种超越与崇高的意味。艺术意蕴与意境的表达使设计作品真正提升了永恒美的境界。

（三）立体性

立体性即设计作品美与美感表达的全方位性。传统意义上的纯艺术作品，如绘画、摄影、音乐、雕塑、书法、影视，其表达形式常常是平面的、单维的或局部的，而相应的审美感受也常常比较单一。

艺术设计作品则明显不同，因为它所针对的不是对局部制作的幻想，而是整体的现实社会生活与人类全面的审美感知。从视觉、听觉到触觉、味觉、嗅觉，从衣食住行到审美的各个方面，艺术设计能够渗透到我们生活、存在的各个空间。

立体性首先表现为对设计作品全方位的审美。和传统纯艺术不同，使用者对于作品的欣赏是所有审美感官与作品构成的全面接触，涉及产品的用途、材质、结构、形式、环境等各个方面。比如与触觉、视觉、嗅觉相对应的材质。相对于传统的纯艺术，艺术设计作品对材质的重视与表现更为突出，因为作品的质量好坏与其制作原料直接相关。材料的坚固与柔软、温暖与凉爽、粗糙与细腻、稀疏与紧致、明亮与暗淡等不同特性，与使用者形成了直接的视觉与触觉的接触，使用者在与产品接触的过程中所形成的快适与愉悦，共同构成了美感的基元因素。

同时，由质地所构成的材质的物理性、化学性等自然因素也能够显示出相应的美感，比如：实木质料的朴实、温润、中和，钢材质料的坚固、冷峻、简洁，玻璃质料的洁净、明澈、光洁，都能够构成触觉与视觉相关的美感。此外，除了产品的功能外，结构、形式也是艺术设计作品的重要部分。富有美感的线条、独特奇妙的造型、新颖独特的想象常常能够为艺术设计作品增添与功能内容相结合的形式的美。如中国传统的瓷器艺术，正是从内容到形式，从实用到审美，从功利到意境，满足了人们多种感官审美需求的伟大设计。

美学与艺术设计心理结构密切相关，它是建立在人们共同的生理与心理基础之上的，是一种特殊的心理反应，也是一种理性的认识活动。

形式美也和人们的情感因素密切相关，直线给人以刚直、坚硬、明确的感觉；曲线具有柔美、优雅、轻盈的感觉；折线具有动感、节奏、躁动的感觉；几何形具有明确、简洁、秩序的感觉等。由此衍生出了艺术设计审美中的最高层次——情感美，只有具备了内形式的美和外形式的美才能迸发出情感美，情感美是客体与主体的共鸣，彰显出了设计师和消费者的品位和情调。

人类历史上的每一种美学思潮均对当时以及后世的艺术设计产生过深远的影响。美学思潮影响、带动着艺术设计，而艺术设计又表现并推进着艺术思潮的发展。从古代到当代，艺术设计都会直接或间接地与艺术思潮相关联。

美学思潮史就是一部艺术设计风格的演变史。每一个人类历史的不同时期，其重要的美学思潮、审美风尚、审美观念都会在艺术产品的制造中留下痕迹。

从技术到原则，从原则到原理，三个层面的思想与作品的沟通千姿百态、显隐交织，但是绝无终止。

作为一种功利主义的美学观，"美在效用"最早是由古希腊哲学家苏格拉底提出的，对后世影响深广，中国的墨子、韩非子也有过相似观点。这一美学观认为，美中必然包含着功利与效用，与物品的使用者相关，美的作品必然包含扎实、耐用、合用。用美学的语言来讲叫作"美的合目的性"，凡是美的事物必然最为合理，最符合人自身的目的，而美产生于对功利性的逐渐扬弃之中，最后由人们将其提炼升华为蕴涵功利的美。在设计思想史中，功能主义设计观与这一实用主义思想源流一脉相承，其在中西器物文明史中占有极其重要的地位，并积极在实践中付诸表达。

第四节 环境艺术设计的原则

一、人、自然、社会三者和谐统一原则

（一）基本构成

人、自然、社会是构成环境的三大要素。人处在三者的核心位置上，统治、管辖着自然和社会，有主动改造和治理世界的权利，但同时人也受到了自然和社会的制约。治理得好，自然环境与社会环境都能受惠，以至形成良好的循环，反之，如果治理得不好的话，人类就会受到自然环境与社会环境的报复，形成恶性循环。人虽然拥有巨大的能力，但同时也处在最里层，也是最脆弱的存在，受到了来自各方面的挤压和影响。

很长一段时期内，人类用拼资源毁环境的做法来谋求经济的发展，这样的发展是暂时的。科学技术以前所未有的速度和规模迅速发展，增强了人类改造自然的能力，给人类社会带来了空前的繁荣，也为今后的进一步发展准备了必要的物质技术条件。对此，人们产生了乐观情绪，认为掠夺资源时不会受到大自然的惩罚。然而，这种掠夺式生产已经造成了对生态和生活的破坏，大自然已经向人类亮起了红灯。

环境艺术关心的是环境，但实质是需要协调环境、社会、自然三者的关系。即便是大部分设计内容都是在人工环境内发生的，但是也不能完全排除与社会、自然之间的关系，为了构建更加舒适的环境，人们的设计应该更贴合自然。

中国一直追求自然万物与人类的和谐相处，人与自然万物应该受到平等的对待。我国的古人也是这样做的，因此，古人很少会破坏自然，他们追求的是适应自然。生态环境的发展必须要尊重自然规律，实现人与自然的和谐共存。

现代环境艺术设计要根据不同的区域气候特点与地理因素，充分利用当地的材料，传承当地的文化，将现代的新兴技术与合适的技术结合起来，构建适合当今发展的环境艺术。

现代环保艺术设计可以说是将传统的美观设计与现代设计进行结合的重要纽带。在环境设计中会尽可能地将自然环境引入室内环境，利用自然条件完成室内环境的生态设计，实现传统美学中的多元原则。

审美活动的多样性、审美主体的个性差异、创造风格的多元变化均是传统美学中多元性的体现，中国古人重视对自然环境的感知，不仅会感知自然环境中美的存在，还会利用不同的艺术形式来称赞美。

美的形式是丰富多彩的，自然界中的不同形式都具有不同的美感。由于审美主体的不同，人们对美的看法也是不同的。创造主体的差异性使得创造出来的艺术也是具有不同层次的美感，人们追求美，提倡美的多元化，鼓励将传统美学与现代环境艺术设计的思维相结合，探索出更多的设计风格，满足人们对环境艺术设计的需求。

（二）主要任务

既然人、自然、环境是这样相互依存的关系，那么，作为环境艺术设计师，追求二者的和谐统一就成为其工作的首要任务，这也是其设计事务中要坚守的设计原则和评价设计成果的首要标准。不仅是设计师，城中规划师甚至城市的领导都要有这样强烈的意识，对什么是和谐统一要有清晰的认识。落实节约资源和保护环境的基本政策，建设低投入、高产出；低消耗、少排放；能循环、可持续的国民经济体系和资源节约型、环境友好型社会。坚持开发节约并重、节约优先，逐步建立全社会的资源循环利用体系。实行单位能耗目标责任和考核制度。增强全社会的资源忧患意识和节约意识。这都是政府在宏观政策上对和谐统一的要求。

具体在设计上，我们要明确设计的本质，而不是盲目地加大设计成本和一味追求高端市场以获得设计"成果"与社会影响，要以实事求是的客观态度，从设计的本质出发来提升设计的根本价值。值得注意的是，在如今设计领域，形式主义浪潮暗涌、走资本式生活路线的风气较盛，有必要重提安全、卫生、节能、清洁、高效等实用性功能要求，它们应该成为设计意识上设计风格的主流。设计的平民化作风在当今浮躁的风气下对我们发展中国家更有特殊意义。

（三）可持续发展的设计观

人类的欲望可以无限膨胀，会不断地向社会与自然索取，可持续发展设计观的核心就是保护资源与环境，合理利用自然资源，自然资源不只是我们这一代的资源，更应该让我们的子孙后代都可以享受到良好的自然资源与环境。

设计观就是发展观，就是世界观。我们要提高节约意识。节约并不是节制，而是一种科学的、有计划的、长效的发展意识，是一种智慧和进取。

全球化、城镇化都对未来的环境设计提出了挑战，尤其是能源、资源所引起的挑战。环境艺术设计师面向未来的环境发展，应该形成可持续发展的观念，充分发挥出生态系统的功能。我们要清楚地看到部分欧洲各国文明和文化对文化所属的认知范围、文化身份的认同以及在执行具体设计案例时对可持续发展策略的具体运用。

二、尊重地域文化的原则

设计是文化的一种外在流露，文化是设计的内在动力，因此，设计的文化取向和品位反映出了设计价值内在的含金量。环境艺术是与人们生产生活密切相关的设计艺术，对人类有重要的指向和定位作用。

尊重地域文化是近几年来环境艺术设计所重视并引导的设计原则。在经济与技术高速发展的时代背景下，已经有相当一段时间受官本位"形象工程"的思想影响，设计开始盲目地走向了城市化、技术化的道路，认为只要依靠某种高科技材料和手段来装饰门面，就可以达到城市化、技术化的效果，这种思想现在还错误地影响着年轻的设计师们。这是我们的短视，更是对设计理解的偏差。与之相反的是，作为设计师，最关心的内容之一恰恰应该是合理地保护、挖掘地域历史文化，这也被称为本土化的设计观。

只有设计师经过深刻的思考和理性的分析，寻找地域文化的因素，因地制宜，延续、整合和变异，才能得到符合地域、文化的设计成果，成功地表现不同地域的传统特色。当今环境艺术设计在大陆地区的开发城市形态和地域特征被设计师和建设者们基本抹杀掉了，由此带来了城市记忆的迷失、城市自豪感的缺失以及身份认同感的磨灭。因此，设计师要有这样的责任感：建设具有地域和本土特色的环境艺术。

随着全球化在世界范围内的迅速展开、民族文化的觉醒以及民族自信心的增强，世界文化与民族的、地域性文化这两个方面既互相矛盾又互相联系，使世界变得越加错综复杂，地域建筑文化乃至环境艺术摆脱不了世界文化圈的"磁力"，特别是在数字社会里，这种磁力在经济、文化方面日益增强。如何面对传统、面对现实、面对自然界，历史发展的长河给了我们深深的启迪。

（一）对地域生态特征的保护

众多有识之士已经发现，城市面貌越来越趋同，环境没有特色，长此以往，最终将带来文化的迷失，使人类丢弃主人翁身份，成为环境的奴隶，设计师也将成为打印机，设计出来的东西也将毫无差别。而地域生态特征是最容易辨识的原生形态特征，这是我们进行环境艺术的城市设计、建筑设计和景观设计不可忽视的地域要素。具体来说，生态特征有以下几个方面。

①地形特征：形成地域的主要地形，如山体、平原、丘陵。

②植被特征：由土壤、气候、水资源等因素决定而形成的植被情况。

③水体特征：是否有显著的水源，如海洋、河流、湖泊、泉源等。

④气候特征：在设计中反映出日照、风向等气候特征。

（二）对地域生活形态的利用

环境艺术设计应该从人的基本需求出发，满足人不同的需求层次。主要是满足人们对新技术、新的生活方式的需求，除此之外，还要满足人们对地域特色的认同，新的技术与地域生活并不冲突，应该寻求一种更加合适的方法将现代技术与地域特色融合在一起。

高明的设计往往对地域文化中的人进行了深入的思考，生活形态是其中的主要内容——居住在环境中的人以何种行为与环境发生关系？当我们提出这样的问题的时候，设计就不再是空中楼阁，而会显示出扎根于生活的原色生命力。现在，很多敏锐的设计师已经观察到越是找到贴近人们生活原形态的设计，就会对人们有越持久的吸引力。具体来说，地域生活形态有以下几个方面。

①生活中，人们在传统中形成的与环境的交流方式。如有的城市喜欢喝茶，有的人在喜欢盘坐在炕上，设计师要留意这些生活中的细节并积极去应用。

②基于地形、原有生活习惯、审美标准等，人们生活在千差万别的环境中，生活中充满了各种情趣，设计师要观察到这些并有意识地保存和巧妙地利用。

③传统的习俗有没有运用到设计中的可能性。如起居饮食方面，有的地方习惯席坐、有的地方在炕上起居、有的地方则惯于排坐，那么在进行室内设计时就要考虑到这些因素。

（三）对地域历史文化的挖掘

地域历史文化关系到文化的完整性，一种文明或者是文化的消失与解体不仅仅是对自然的破坏，更多的是由于人类的无知所造成的，人文景观对于我们人类而言只有一次，历史不会重演。因此我们要重视地域历史文化价值，要善于挖掘潜藏着的价值。

三、以人为本的人文关怀原则

"人文主义"是欧洲文艺复兴时期代表新兴资产阶级文化的主要思潮，它强调人类社会经济生产和文化活动要以人为"主体"和中心，要求依据人的需要、人的利益、人的多种创造和发展的可能性进行开展。

对环境层面的分析有助于建筑设计的深入进行，要使建筑设计在功能、形式空间等方面与建筑所处的外部环境相契合。任何建筑设计之初都必须对建筑的外环境进行分析，大到宏观城市层面，小到建设项目场地环境，不同情况下的建筑对环境层面分析的侧重不同。对于环境建筑设计来说，一般情况下，首先与其设计过程联系最直接、最紧密的环境层面是指此建筑物的场地环境，也称为基地环境，通常设计前会重点详细分析，其直接影响着建筑的形态、布局等设计因素。

建筑物所处的这块场地也会受到周围环境的影响，与其所处的地段环境也有密切关系，因此对地段环境的分析也必不可少。此外，城市层面的环境要素也应考虑其中，其通常从宏观上、本质上影响着建筑设计的思路和方案，例如，此建筑在城市空间中的位置、城市历史文化因素的体现等。对于环境建筑来说，由于建筑规模一般不大，通常受宏观层面环境因素的影响较小，其场地层面的外部环境分析是重点，也是基础，地段环境和城市环境也需要考虑在内。在诸多的环境要素中，自然、人工、人文这三方面都需考虑在内，但不同的建筑类型对其重视程度也有主次之分。例如，生态类型的建筑对自然因素考虑更多；现代主义建筑对人工因素考虑较多；而地域性建筑更加重视人文方面的因素等。

环境艺术设计的对象是人，任何类型的设计都不能也不可能脱离人的使用与参与。以人为本的人文关怀思想对设计的出发点有重要的关注价值。在环境艺术设计中，人文关怀原则主要体现在以下几个方面。

（一）功能第一原则

把功能放在第一位，这表明了一种设计态度。这种态度摒弃了任何花哨、虚浮、功利的设计，而采用实在、实用、节约的设计。在当前，设计成了知识、成了表明某种身份的工具，重提"功能"有特殊的意义。因此，它是环境艺术设计的通用规则之一。

正如艺术中"内容与形式"的辩证关系一样，功能就是设计的本质内容，只有发现了真正的内容时，才会产生正确的形式。否则，一切形式都只会是短暂和脆弱的。那么，设计中的功能有哪些？

1. 切合实用需要

①切实现实需要。

②结合心理需要。

③结合经济需要。

2. 符合实际条件

①符合自然条件。

②符合经济条件。

（二）对弱势群体的关怀

环境艺术设计是反映一个国家经济、文明发展程度的重要标志。现代设计从它诞生开始就是指向大众的，如果我们只追求设计而忽略了占据更大比例的群体，我们也就失去了整体性。因此，关怀弱势群体应该成为环境艺术设计的原则之一。

值得注意的是，这里的弱势群体是指因年龄或者是疾病造成的生理性的弱势群体，主要是指老年人、残疾人。对弱势群体的关怀程度直接表示了设计的人性化，如果设计出来的作品可以得到弱势群体的认可，那就说明是有意义的。

谈到对弱势群体的关怀就要谈到无障碍设计。无障碍设计是指无论是谁、无论在何时何地域都能让使用者感到方便的设计。它包含三个方面。

第一，舒适性。小到一个短暂停留的椅子，大到一个区域的整体规划，要让人感到轻松、愉悦，而不是负担、累赘。

第二，安全性。这里指的是可达性。在各种环境中，要使弱势群体能无阻碍的到达任何地方。

第三，沟通性。让所有必需的信息畅通，易于辨识，信息沟通没有障碍。

对弱势群体的关怀原则反映出了设计的价值观，这是整个设计界达成的共识。"爱的反义词不是憎恨，而是忽视。"从这个角度讲，环境艺术设计者应该是镶嵌着"爱"的工作者。

环境艺术设计的最终的目的是为人类提供舒适的居住环境，以人为本就是在进行环境艺术设计的过程中将人放在重要的位置，以人为本，对弱势群体进行关怀，这样的设计理念与我国传统的美学思想是不谋而合的。

设计师要根据现代人的情感需求以及审美要求进行设计创作，人们的生理与心理需求不同，自然对于环境艺术设计的内容也就会有所区别，将人本主义融入现代环境艺术设计中不仅是对中国传统美学的一种传承，更是现代人们对美的一种追求。

以人为本的现代环境艺术设计思想不仅要关注消费者的心理需求与生理需求，更要关注如何为他们提供更加舒适的工作环境，在精神上给予他们一定的关注，尤其是要注重特殊人群对环境空间的使用，在环境空间的设计中一定要考虑到特殊人群的需求，使他们可以感受到来自社会的温暖。

第三章　环境艺术设计的要素与形式

环境艺术设计要素是环境空间生成所运用到的各种形式语言和手段。对设计要素的掌握，首先是指对每一种要素和设计中的创造性构思的充分理解，另外也指对多种设计要素进行综合配置并表达设计中心理念的能力。要想实现良好的环境艺术设计，就需要了解环境艺术设计的要素与形式。本章分为空间与界面、色彩、材料、环境艺术设计的形式四部分。主要内容包括：空间的类型、空间的限定、色彩的属性、色彩的配色关系、环境艺术的色彩设计等。

第一节　空间与界面

一、空间的概念

空间是一种无形散漫扩散的质，在任何方向和任何位置上都是等价的。广义上的空间不仅指向建筑领域，还包括其他艺术形式。例如，音乐产生的声场、文学艺术的想象余地等都属于空间的范畴。在建筑中，能被人感知的空间是由空间内部因素、物体介入或界面围合等限定出来的领域。

二、空间的类型

（一）心理空间

据心理学关于空间感知认识的研究，人的空间观念是通过各种感官，由互不相关到相互协调，从了解外物到体察物我关系后才确定存在的。这种空间观念经过种种身体运动的经验，才从以自我为中心变为了以客观世界为中心的空间。没有身体运动的经验就谈不上客观的知觉。运动现象可分为两类：静的运动和动的运动。静的运动是不可视的运动。心理空间体察则离不开静的运动知觉，它没有明确的边界，但人们却可以感受到它的存在与实体相关，由具体的实体限定而构成。换言之，所谓的心理空间，即实体内力冲击之势（即内力在形态外部的虚运动），"势"是随空间变化的能量势的作用范围，可以通过"场"进行描述。

（二）物理空间

物理空间是指为实体所限定的空间，可测量的空间，是一般人所说的"空隙"。物理空间具有明显的轨迹，可以通过联系、分隔、暗示、引导等体现出空间的层次和渗透性，让其流动，以实现空间拓展。物理空间与心理空间是一个统一的整体。

三、空间的限定

（一）产生

空间天生不定形、连绵不断，只有开始被形式要素所捕获，才能逐渐被围起、塑造。空间的产生可以理解为从点这个原生要素开始，通过线、面、体的连续位移，最终产生三维量度。比如，一根立柱能建立以"点"聚焦的向心空间，两根立柱之间则有明显通过的线形流动感受；如果再在其上加上横梁，就具有了"门"的完形意义，暗示跨越到了不同领域；连续排列的列柱已经具有线要素限定的面的特性；墙面则是更封闭的垂直界定，它们与其他界面配合将空间围合，进而限定形式的视觉特征和体积。

（二）围合

单独界面只能作为空间的一个边缘，面与面之间或具有面的特性的形式要素之间，因位置与关联方式就能产生不同的围护感受。例如，平行面能限定空间流动方向，它们有的表现为走廊，有的构成墙承重体系。"L"形面一方面在转角处沿对角线向外划定了一个空间范围，越靠近内角的地方越内向，沿两翼逐步外向，又因其端头开敞，因此很容易与其他要素灵活结合。"U"形面有吸纳入内的趋势，同时因开敞端具有特殊地位，而容易在此产生领域焦点。四壁围合，有地面、有顶面是典型的强势限定，这种封闭内向的"盒子"随处可见。

围合程度体现出了对空间本质顺应或限定的不同态度，它与要素造型、界面关联以及门窗洞口方式有关。一方面，有的功能需要明确界限，以确保安全、私密和保温、隔热、隔声等物理要求；另一方面，也应尊重空间自由、开放和多义的倾向，让空间真正"活"起来。

（三）形态控制

空间形态不仅具有数学与几何特征，同时也承载着心理指向与不同意义。穹顶覆盖的圆形空间封闭完整，利于表现纪念性或集权，但是这种绝对对称的型制，从中心至外围，每条射线方向上的"压强"完全一致，行走其中时，方向性的同化就成为其缺憾。因而需要从其他因素上施加差别，这样才能避免处处等同而无节奏。三角形因"角"的出现显示出了冲撞与刺激，但在锐角空间处则给人以逼仄感。同为斜线，45°倾斜则还是指向中心，暗示对等平分；而诸如10°、20°等的倾斜则更具动势与力度；角度过小又容易被忽略而将其简化并纳入某种单纯完形视像中。自由曲线是舒展的形态，也有引导视线的主动优势，但其因曲率不同而代表不同情绪，因感性多变而难以控制，同时也难于与其他几何性要素，如家具等配合。矩形直角空间安定平和，容易与内部其他要素协调，是在空间与结构上最具经济性的基本选型。

空间形态的比例、尺度也受色彩、肌理等因素的影响，如深色顶棚、粗糙的界面肌理使房间显得更低矮，而浅色或白色光滑材质则有适当的扩张效果。

四、空间的分割

整体空间的分割同时代表了个体空间的围合程度，通常有绝对分割、局部分割、弹性分割、虚拟分割等。分割不等于分离，分离意味着游离出局，但分割还存在联系。

绝对分割的空间自主与独立性很好，也忠于私密性，但欠缺与外界交流的途径。事实上，真正意义的全封闭是不存在的，只是将与外部关联的渠道局限在了门窗等洞口罢了。局部分割与弹性分割因阻隔方式的开放性和可变性给空间带来了很大的自由度。

一般实体界面是不能穿越的，但是虚拟分割既能透视，又能穿越。它利用要素突变，使人在主观体验过程中产生了视觉意象，心理也同时在邻接、转折或边缘处做了一个虚拟界面的"标记"。它以台阶、色彩、材质、照明、激光、影像等作分割手段，但没有持久的实物阻挡。在当今信息时代，机械、动力、通信、电脑、管理等多学科技术统集并共同创造出了智能化建筑。它们不再局限于实体的、可触摸的三维空间，而拓展为了数字化生存模式下、充分调动感知觉与想象力的虚拟空间。在建筑外部空间与环境设施设计领域，也出现了类似的智能化控制。有的广场可以在某一时刻以对喷喷泉形成稳定的抛物水柱"拱道",供人们漫步其下,一旦喷射停止,将不构成任何围合。

五、空间的关联

(一)套叠

套叠是指空间之间的母子包含关系,即在大空间中套有一个或多个小空间。之所以称为"母子",是因为两者有明显尺度和形态差异,大空间作为整体背景,同时对场面有控制性力度。当然,小空间也有彰显个性的需要,如果其骨骼方向与大空间相异,那么两组网格之间就会产生富有动势的"剩余空间"。

(二)穿插

穿插是指各个空间彼此介入对方空间体系中的重叠部分,既可为两者同等共有,成为过渡与衔接之处,也可被其中之一占有吞并,从另一空间中分离出来。原有空间经组合后其界限在穿插处模糊了,但仍具有完形倾向。

(三)邻接

邻接是指各个空间因在使用时序的连续或活动性质的近似等因素,需要将它们就近相切联系。邻接空间的关联程度取决于衔接界面的形式,既可是肯定、封闭的实体即"一墙之隔",也可是利于相互渗透的半封闭手段,如列柱、半高家具等,甚至仅仅通过空间的高低、形状、方向、表面肌理的对比来暗示已经进入了另一空间。

(四)过渡转接

过渡转接是指分离的个体空间依靠公共领域来建立联系,由此实现功能变化、方向转换和心理过渡等目的。如果将任务书要求的各功能区域的面积总和与总面积指标对照,总有一定出入,这部分面积之差究竟代表什么。其实,并非所有空间都意义分明,除了担负着一种或多种用途的区域之外,还有一些"意义不明"的过渡转接空间,它们类似于语言中起承上启下作用的文字。

另外,过渡空间具备更多"不完全形"的特质,就像禅宗美学,留有余地,依靠想象来完善它,才实现了其价值所在。建筑学中的"完形"力求寻找简单、规则的构图组织,而"不完全形"则通过对"完形"的特征省略、界限模糊和图形重构来逆向思辨,一些建筑理论家称之为"无形之形"。空间的过渡转接,就是以自组织和交互渗透的形态,使线性、封闭的区域获得对外交流的途径。

六、空间的设计元素

（一）点线面与空间

对空间设计的基础理解要从物质构成的基础角度来看，即点、线和面。点是物质存在的基础。点的运动形成线，点和线是形成面的基础。面可以由点构成，也可以由线构成。点、线和面是构成空间设计的基础。设计师常把点、线和面直接运用在空间设计中。空间中的点、线和面是可以根据空间体验者的观察角度来转换的。例如，平面俯视图中的点可以转换成立面图中的线；平面俯视图中的线可以转换成立面图中的面。三个要素之间互相转换，也体现出了空间的四维特性。

（二）形状与空间

在环境艺术设计中，可以将空间与水类比进行理解：将空间放进圆形容器中，空间的形状就是圆形的；将空间放进方形容器中，空间的形状就是方形的。不同形态的空间会带给人不同的心理感受。空间切面的基本形态包括长方形、正方形、三角形、圆形、异形。

（三）尺寸与空间

尺寸是用特定角度或长度单位表示的数值。尺寸是一个客观的既定数值，不会随着外界环境的改变发生变化。例如，人的身高尺寸、柜子的尺寸等。空间的尺寸不同，也给人带来了不同的感受。当空间高度一定，而在宽度上有区别时：空间越小，越给人包裹感，当空间宽度与人的肩宽接近时，人就会感到越来越强烈的局促感；空间越大，越给人宽松感，但当空间宽度无限扩大时，人的安全感就会逐渐降低。当空间宽度一定，而在高度上有区别时：空间越低，人的限制度越低；空间越高，人的限制度越高，并会给人带来明显的下沉感。

（四）光与空间

光是人们对客观世界进行视觉感受的前提。从光的来源上来讲，可以将光分成自然光和人造光。这里的自然光不是广义的概念，不包括人工光源直接发出的光。在自然环境中，它包括太阳直射光、天空扩散光以及界面反光。

太阳直射光：一般在晴天的天气条件下，可以很直接地感受到太阳直射光。它带来的热量也很大，是自然光环境中最重要的光。在一天之中，太阳直射光在不同的时间段有着不同的照度和角度。因此，会产生变化多样的外部空间环境效果，对室内空间光环境也有着很大的影响。

天空扩散光：天空扩散光是一种特殊形式的光，它是由大气中的颗粒对太阳光进行散射及本身的热辐射而形成的。严格说起来，它不能被称之为光源，而可以被看作是太阳光的间接照明。天空扩散光可以产生非常柔和的光线效果，照度普遍不高，所以对于被照物体细节的表现力不够。由于太阳光透过大气层，波长较短的蓝色光损失较多，所以天空呈现出了美丽的蓝色。

界面反光：外部空间环境的界面由各种材料构成，有土石等天然材料，也有各种人工材料。当这些材料接收太阳直射光与天空扩散光综合作用时，可以产生复杂的界面反光，对光环境产生极大影响。

人工光是相对于自然光的灯光照明。优点是较少受到客观条件的限制，可以根据需要灵活调整光位、亮度等。至于产生人工光的人造光源，则是指各种灯具，主要包括：热辐射光源，如常见的白炽灯；气体放电光源，如荧光灯、金属卤化物灯；发光二极管，也就是常说的 LED；还有光导纤维等。具体的灯具分类则有着多种依据，可按光通量的分布分为直接型、半直接型、半间接型、间接型等；还可以根据安装方式的不同分为悬吊类、吸顶类、壁灯类、地灯类及特种灯具等。

（五）色彩与空间

如果说黑白让人明辨是非，那么色彩就能让人感受生活。在空间设计中，色彩是最为活跃、生动的元素。色彩往往是人对空间的第一印象。色彩的表现力很强，可以直接、深刻地刺激人的大脑。随着色彩研究的不断深入，设计师在进行色彩设计时通常会借助色卡或色相环来帮助其完成方案的配色。

不同的色彩会让人产生不同的联想，给人不同的心理感受，让空间具有象征和寓意。一般暖色给人以"外凸"和膨胀感，冷色给人以"内凹"和紧缩感。例如，红色让人感觉到了热情、温暖和希望，但同时也具有危险和警示的含义；绿色让人感觉到生机、活力和希望等。

（六）质感与空间

人对质感的感觉可以通过两种途径获得，一种是依靠眼睛的视觉，另一种是依靠身体的触觉。通过视觉判断获得的触感叫作"视觉触感"。依靠身体感知外界物体，并将这些触觉记录在大脑中形成记忆，通过视觉观察，初步形成对物体的触感判断，这种触感叫作"身体触感"。不同的质感会给人来带不同的心理感受。

在空间质感设计中，一般将质感划分为 5 个基础等级。等级越多，设计就越细致，但在设计时也就更难把握。软硬质感等级和粗细质感等级与材料比对如表 3-1 和表 3-2 所示。

表 3-1　软硬质感等级与材料比对表

材料转换	沙、土以及毛绒等	皮革、织物等	木材等	砖、石以及水泥等	玻璃、光面金属等
软硬等级	非常柔软 1	中度柔软 2	一般 3	中度坚硬 4	非常坚硬 5

表 3-2　粗细质感等级与材料比对表

材料转换	未打磨的砖、石和木等	沙、土以及毛绒等	皮革、织物等	漆面、水泥、打磨木材、石材等	玻璃、光面金属等
粗细等级	非常粗 1	中度粗 2	一般 3	中度细 4	非常细 5

七、界面的实现

界面具有围合空间、美化空间和烘托氛围等功能。为了实现这些功能，首先应慎重选择材料。材料的物质属性第一应该满足界面所处位置的使用功能，第二还要将材料以恰当的构造关系组合，第三要对界面的触觉、视觉等感觉效果进行整合设计。这三个部分在具体设计中是要综合考量的。例如，泰姬玛哈尔陵选择白色、红色大理石装饰建筑外立面时，建筑的功能使用、氛围的高雅纪念性以及石材连接安装的构造，都是同步确立的界面形式整合。

界面的形式语言主要包括"形、色、质"这三个元素。界面依靠这三个元素的内在联系而产生了视觉或其他感觉的综合感受。整合界面形式符合美学的一般规律和法则，主要包括：关于度的美学法则，如韵律、和谐等；关于量的美学法则，如对称、平衡等；关于质的美学法则，如对比、调和等。界面形式整合会让不同体量、不同材料之间实现自然衔接和过渡，形成界面的整体效果。

设计师通过组合、安置排序空间与界面，形成了人使用时的一系列有价值的、适用的场所。在具体的环境艺术设计中，设计师应该适度变化，因地制宜，注重视觉构图的美感和心理感受，形成和谐有序的空间系统。

八、空间的组合设计

（一）序列与节奏

人对于空间的体验，必然是从一个空间走到另一个空间的、循序渐进的体验，从而形成一个完整的印象。运用多种空间组合方式，按照一定的规律将各空间串成一个整体，这就是空间的序列。空间序列的安排与音乐旋律的组织一样，应该有鲜明的节奏感，流畅悠扬，有始有终。根据主要人流路线逐一展开的空间序列应该有起有伏、有缓有急。空间序列的起始处一般是缓和而舒畅的，室内外关系要妥善处理，从而将人流引导进入空间内部。序列中最重要的是高潮部分，常常为大体量空间，为突出重点，可以运用空间的对比手法以较小、较低的空间来衬托，使之成为控制全局的核心，引起人们情绪上的共鸣。除了高潮以外，在空间序列的结尾处还应该有良好的收尾。一个完整的空间序列既要放得开又要收得住，而恰当的收尾可以更好地衬托高潮，使整个序列紧凑而完整。除控制好起始、高潮和收尾外，空间序列中的各个部分之间也应该有良好的衔接关系，运用过渡、引导和暗示等手段保持空间序列的连续性。

（二）分隔与围透

各个空间的不同特性、不同功能以及不同环境效果等的区分归根到底都需要借助分隔来实现，一般有绝对分隔、相对分隔两大类。

1. 绝对分隔

顾名思义，绝对分隔就是指用墙体等实体界面分隔空间。这种分隔手法直观简单，使得室内空间较安静，私密性好。同时，实体界面也可以采取半分隔方式，如砌半墙、墙上开窗洞等，这样既界定了不同的空间，又可满足某些特定需要，避免空间之间的零交流。

2. 相对分隔

采用相对分隔来界定空间，可以成为一种心理暗示。这种界定方法虽然没有绝对分隔那么直接和明确，但是通过象征性同样也能达到区分两个不同空间的目的，并且比前者更具有艺术性和趣味性。

（三）引导与暗示

虽然一个复杂的环境之中已包括各种空间，但是对于流线还需要一定的引导和暗示才能实现当初的设计走向。例如，室外环境中的台阶、楼梯和坡道等能够暗示竖向空间的存在，引导出竖向的流线，利用地面、顶棚等的特殊处理能够引导人流前进的方向。另外，狭长的交通空间能够吸引人流前行。两个空间之间适当增开门窗、洞口等也能暗示空间的存在。

（四）对比与变化

两个相邻空间可以通过呈现比较明显的差异变化来体现各自的特点，让人从一个空间进入另一个空间时，产生强烈的感官刺激变化，从而获得某种效果。

高低对比：若由低矮空间进入高大空间，视野突然变得开阔，情绪为之一振，通过对比，后者就更加雄伟；反之同理。

虚实对比：由相对封闭的围合空间进入到开敞通透的空间，会使人有豁然开朗的感觉，进一步引申，可以表现为明暗的对比。

形状对比：不同形状的空间会使人产生截然不同的感受。两个相邻空间的形状有差别，很容易产生对比效果。两个空间形状的对比，既可表现为地面轮廓的对比，也可表现为墙面形式的对比。

方向对比：方向感是以人为中心形成的。在空间中运用方向的对比可以打破空间的单调感。

色彩对比：色彩的对比包括色相、明度、彩度以及冷暖感等。强烈的对比容易使人产生活泼、欢快的效果。微弱的对比也称微差，会使各部分协调，容易产生柔和、幽雅的效果。

（五）延伸与借景

在分隔两个空间时要有意识地保持一定的连通关系，这样，空间之间就能渗透产生互相借景的效果，增加空间层次感。

空间的延伸是在相邻空间开敞、渗透的基础上，做某种连续性处理所获得的空间效果。具体手法包括：①使某个界面（如顶棚）在两个空间连续；②用陈设、绿化水体等，在两个空间造成连续。通过在空间的某个界面上设置门、窗、洞口、空廊等，有意识地将另外空间的景色摄取过来，这种手法就称为借景。

在借景时，对空间景色要进行裁剪，美则纳之，不美则要避之。在中国古典园林之中，常采用增开门窗、洞口的方法使门窗、洞口两侧的空间互相借景。而在现代小住宅设计中常采用玻璃隔断。

（六）重复与再现

重复的艺术表现手法与对比相对。相同形式的空间连续出现能够体现出一种节奏感、韵律感和统一感，但是使用过多，就会产生审美疲劳或单调感，因此要恰当使用重复。重复是再现表现手法中的一种，再现还包括相同形式的空间分散于建筑的不同部位，中间以其他形式的空间相连接，以起到强调那些相类似空间的作用。重复与再现都是处理空间统一、协调的常用手法。

（七）衔接与过渡

有时候两个相邻空间如果直接相接，会显得生硬和突兀，或者使两者之间模糊不清，这时候就需要用一个过渡空间来交代清楚。空间过渡就是从人们的活动状态来考虑整个空间的分隔和联系的需要。过渡空间本身不具备实际使用功能，因此要设置地自然低调，可以恰当结合一些辅助功能，如楼梯、门廊等，以起到衔接作用。

空间的过渡可以分为直接和间接两种形式。两个空间的直接联系通常以隔断或其他空间的分隔来体现，具体情况具体分析；间接联系则指在两个空间中插入第三个空间作为空间过渡的形式，如在两室之间增加过厅、前室、引室、联系廊等。

第二节 色　彩

一、色彩的种类

色彩分为无彩色和有彩色两大类。无彩色包括黑、白和灰色。从光的色谱上见不到这三种色彩，色彩学上称之为黑白系列。然而在心理学上它们却有着完整的色彩性质，在色彩体系中扮演着重要的角色，在颜料中也有其重要的任务，如当一种颜料混入白色后，会显得明亮；相反，混入黑色后就显得比较深暗；而加入黑与白混合的灰色时，将失去原有的色彩。有彩色是指光谱上显现出的红、橙、黄、绿、蓝、紫等色彩，以及它们之间调和的色彩（其中还包括由纯度和明度的变化形成的各种色彩）。

二、色彩的属性

（一）色彩体系

国际上色彩体系有多种，主要有美国蒙赛尔色系、德国奥斯特瓦尔德色系和日本色彩研究所色系等。

蒙氏色系是 1912 年由美国色彩学家、画家蒙赛尔（Munsell）首先发表的原创性独特色彩体系。该色系将色彩属性定为三要素（色相、明度和纯度），二体系（有彩色系、无彩色系），一立体（不规则球状色立体），同时又给三要素做出了相应的定量标准。

1915 年蒙赛尔发表了第一本完整的《蒙赛尔色谱》，共有 40 色相、1150 个颜色。后经美国光学会和国际照明委员会标准的研究认定，被广泛地应用于国际产业界和设计界。蒙赛尔色系在色彩命名的精确性、色彩管理的科学性和色彩应用的便捷性等方面，具有权威和普遍意义，这个举世瞩目的科学成就为人类做出了杰出的贡献。

（二）色立体

蒙赛尔色立体是根据色彩三要素之间的变化关系，借助三维空间，通过旋转直角坐标的方法，形成的一个类似球状的立体模型。模型的结构与地球仪的结构类似，连接南北两极，贯穿中西的轴为明度标轴，北极是白色，南极是黑色，北半球是明色系，南半球是暗色系。色相环在赤道上，色相环上的点到中心轴的垂直线表示纯度系列标准，越靠近中心纯度越低，球中心为正灰色。色立体纵剖面形成了等色相面，横剖面形成了等明度面。

（三）色彩三要素

1. 色相

色彩表示出了纯净鲜艳的可视光谱色（俗称彩虹色），它是色彩的根本要素，也可以说是色彩的原材料，在各色相色中分别调入不同量的黑、白和灰色，可以得到世界上所有存在的色彩。

蒙赛尔色立体中的色相环由 10 个基本色相组成，即红（R）、黄红（YR）、黄（Y）、黄绿（GY）、绿（G）、蓝绿（BG）、蓝（B）、蓝紫（PB）、紫（P）、红紫（RP）。每个基本色相又各自划分成了 10 个等分级，由此形成了 100 色相环。另外，还有把每个基本色相划分成 2.5、5、7.5、10 四个等分色相编号（其中 5 为标准色相的标号，如 5R 为标准红色相，5BG 为标准蓝绿色相等），构成了 40 色相环。自 2.5R、5R、7.5R……7.5RP 至 10RP 止。色相环上通过圆心直径两端的一对色相色构成互补关系，如 5R 与 5BG、5Y 与 5PB、5B 与 5YR 等。为了使用方便，还有简化的 20 色相环，即每个基本色相仅取 5、10 这两个等分编号，自 5R、10R、5YR、10YR……5RP 至 10RP 止。

除此而外，还有其他色彩体系的色相环，常用的如 6 色相环、12 色相环、24 色相环等。

2. 明度

明度又称光度、亮度等，指色彩的明暗、深浅差异程度。明度能体现物象的主体感、空间感和层次感，所以也是色彩很重要的元素。蒙赛尔色立体中心轴为"黑—灰—白"的明度等差系列色标，以此作为有彩色系各色的明度标尺。黑色明度最低，为 0 级，以 BL 标志；白色明度最高，为 10 级，以 W 为标志，中间 1 ～ 9 级为等差明度的深、中和浅灰色，总共 11 个等差明度级数。

色相环上的各色相明度都不同，黄色相的明度最高为 8 级，蓝紫色相的明度最低为 3 级，其他色相的明度都介于这两者之间。

另外，色彩的明度还有可变性。同样深浅的色彩，在强光下显得较浅，在弱光下显得较暗。在各种色相的色中加入不同比例的白或黑色，也会改变其明度。例如，红色相原来属于中等明度，调入白色后变成了粉红色，明度提高了；调入黑色后成为枣红色，则明度降低了。

3. 纯度

纯度又称彩度、艳度、饱和度、灰度等，指色彩的纯净、鲜艳差异程度。色彩的纯度相对比较含蓄、隐蔽，是色彩的另一重要元素。蒙赛尔色立体自中心轴至表层的横向水平线构成了纯度色标，以渐增的等间隔均分成了若干纯度等级，其中 5R 的纯度是 14，为最高级，而其补色相 5BG 是 8，为最低级，其他所有色相的纯度都介于两者之间。

在标准色相色中调入白色，明度提高，纯度下降；调入灰色，则纯度也下降；调入黑色明度降低，纯度也降低。色相色中含无彩色越少，越鲜艳，称高纯度色；含无彩色（特别是灰黑色）越多，则越浑浊，称低纯度色，也称浊色。

三、色彩的原理

（一）光与色

有光才有色，光色并存。这早在古希腊时代，就已被大哲学家亚里士多德所先觉，但真正揭示这个大自然奥秘本质的，应首推英国的大物理学家牛顿，他在实验中，通过三棱镜将日光分解成了红、橙、黄、绿、蓝、紫六种不同波长的单色光。人眼对色彩的视觉感受离不开光。可见光波长在 380 nm ～ 780 nm 之间，波长长于 780 nm 的电磁波称为红外线，波长短于 380 nm 的电磁波称为紫外线。

（二）物体色

大自然的奇妙令人惊叹，无数种物体形态五花八门、千变万化，物性大相径庭、迥然不同。它们本身大都不会发光，但对色光却都具有选择性的吸收、反射和透射的能力。例如，太阳光照在树叶上，它只反射绿色光，而其他色光都被吸收，人们通过眼睛、视神经和大脑反映可以感觉到树叶是绿色的。与此同理，棉花反射了所有的色光而呈白色，黑纸吸收了所有的色光而成黑色。但是，自然界实际上并不存在绝对的黑色与白色，因为任何物体不可能对光作全反射或全吸收。

另外，物体表面的肌理状态也直接影响着它们对色光的反射、吸收和透射能力。表面光滑细腻、平整的物体，如玻璃、镜面、水墨石面、抛光金属、织物等，反射能力较强；表面凹凸、粗糙、疏松的物体，如呢绒、麻织物、磨砂玻璃、海绵等，反射能力较弱，因此它们易使光线产生漫反射现象。

四、色彩的配色关系

（一）色彩对比

两种色彩并置在一起时，相互之间就会有差异，就会产生对比。色彩有了对比，才更会显得丰富。色彩搭配不但可以根据其不同属性进行对比分类，还可以进行以下各类对比，产生独特的效果。色彩在形象上的对比，有面积对比、位置对比和肌理对比等；色彩在心理上的对比有冷暖对比、干湿对比和厚薄对比等；色彩在构成形式上的对比有连续对比、同时对比等。

一种色彩与其他色彩同时进行比较时，不但展现了自己的审美价值，同时也形成了色彩的对比组合之美。在这个意义上，要掌握色彩美的视觉规律，就必须去认识色彩情感效果的千变万化，研究色彩对比的特殊性，认识对比色彩的特殊个性，进而创造出具有独特效果的色彩组合设计。

1. 明度对比

明度对比是色彩明暗程度的对比。进行单纯的明度对比时，可以通过选择一个标准的灰度加黑加白来实现，调制出的序列通常可以分为9个阶段。以每3个阶段作为一组，可以定出三类明度基调：低明度基调（以相邻的3个低明度色阶为主）产生出的色彩构成厚重、强硬刚毅，具有神秘感，但也较为阴暗，易使人产生悲观的情绪；中明度基调（3个位于中间的中明度色阶为主）构成效果朴素、安静，但同时也因为平和易产生困倦与乏味；高明度基调（3个高明度色阶为主）特点为亮丽、清爽，可以使人感受到愉悦，而且不易产生视觉疲劳，但易有轻飘的感觉。

不同明度色阶的构成还可以形成明度不同级差的对比。明度差在3级以内可以构成明度弱对比，称为短调，效果柔和平稳；在5级以内构成明度中对比，称为中调，效果平均中庸；在5级以上则构成明度强对比，称为长调，表现出的体积感和力量都很强。

明度基调与明度对比相结合可以形成明度的9大调：高长调、高中调、高短调、中长调、中中调、中短调、低长调、低中调、低短调。表现效果各有特点，应结合具体环境而定。

2. 色相对比

由色相的差异形成的对比即是色相对比。可以利用色相环来研究这种对比关系。在色相环中，运用相距角度在 15°以内的色彩（如红色与红橙色）形成的色相对比为同类色对比，可以产生柔和、含蓄的视觉感受；相距角度在 30°的色彩（如红色与橙色）形成的对比为类似色对比，构成效果和谐统一，在设计中最为常用；相距角度在 60°至 90°（如红色与黄橙色）的色彩对比为邻近色对比，表现效果同一、活泼；相距角度在 120°（如红色与黄色）的色彩对比称为对比色对比，效果丰富、鲜明、饱满、华丽，在设计中常用于商业空间、娱乐空间等环境中；180°位置（如红色与绿色）的色彩对比则是互补色对比，视觉感受刺激、强烈，大面积使用容易使整体空间环境不和谐。

在实际设计中，色相对比并非套用理论，只要懂得了构成的规律，就完全可以灵活应用。一般应根据具体空间环境的表现需要，确定主体色彩和与之相协调的配色。

3. 纯度对比

因纯度差别而形成的色彩对比称为纯度对比。在色立体中，接近纯色的部分称为鲜色，接近黑白轴的部分称为灰色，它们之间的部分称为中间色。这样就构成了色彩纯度的三个层次。纯度对比分纯度弱对比、纯度中对比、纯度强对比。

在通常情况下，纯度的弱对比纯度差较小，视觉效果较差，形象的清晰度较弱，色彩的搭配呈现出灰、脏的效果。因此，在使用时应进行适当调整。纯度的中对比关系虽然仍不失含糊、朦胧的色彩效果，但它却具有统一、和谐而又有变化的特点。色彩的个性比较鲜明突出，但适中柔和。纯度的强对比效果十分鲜明，鲜的更鲜，浊的更浊。色彩显得饱和、生动。对比明显，容易引起注意。

由不同纯度构成的对比形成色彩的纯度对比可以分为三类基调：低纯度基调构成的空间环境暗淡、消极，没有很强的吸引力；中纯度基调构成的整体空间环境纯度关系体验较为舒适、自然；高纯度基调构成的整体环境色彩艳丽，有很强的视觉冲击力，容易成为空间的色彩重心。

学习色彩对比是为了在空间环境中更好地营造和谐的色彩氛围。优秀的色彩对比关系绝不会使空间中各种物质实体产生对立，而是会通过对比使空间更加富有视觉层次感，使主次关系进一步拉大，空间关系更加深远，从而在对比中产生一种平衡的和谐。

（二）色彩混合

1. 加色混合

加色混合即色光混合，也称第一混合。其特点是当不同的色光混合在一起时，能产生新的色光，混合的色光越多，明度就越高。将红（橙）、绿、蓝（紫）三种色光分别作适当比例的混合可以得到其他所有的色光。但其他色光却混合不出这三种色光，所以称为色光的三原色，也称第一次色。红（橙）与蓝（紫）混合成品红，红（橙）与绿混合成柠檬黄，蓝（紫）与绿混合成湖蓝，称为色光的三间色，也称第二次色。如用它们与其他色光混合，可得更多的色光，乃至整个光谱色。三原色相混成白光，当不同色相的两色光相混合成白光时，双方称为互补色光。

2. 减色混合

减色混合即色料混合，也称第二混合。色料包括颜料、染料、油漆、墨水等。有许多种类和新材料能在阳光和灯光下反射或吸收一些颜色的光，从而形成人们观察到的不同颜色的感觉。它的特性正好与加色混合相反。混合色不仅会改变色调，还会降低亮度和纯度。颜料种类越多，颜色越暗、越浑浊，最后变成近乎黑色。

色料的三原色为品红、柠檬黄、湖蓝（是色光的三间色）。一切色彩都是由它们按不同比例混合而成的，而这三种原色是其他色彩混合不出的，所以也称第一次色，它们相混后理论上成为黑色（实为黑灰色）。不同色相的两色料相混合成黑灰色时，双方称为互补色彩，如橙与蓝、黄与蓝紫、红与蓝绿等色。三原色中两种不同的色彩相混合，所得的三种色彩称为间色，也称第二次色。它们是品红与柠檬黄混合成红（橙）色，柠檬黄与湖蓝混合成绿色，品红与湖蓝混合成蓝（紫）色。两间色相混合可得含灰的复色，也称第三次色。如红（橙）与绿混合成黄棕色，绿与蓝（紫）色混合成橄榄色，蓝（紫）与红（橙）混合成咖啡色。

3. 空间混合

空间混合也称中性混合、中间混合或第三混合。将两种对比强烈的高纯度色并置在一起，在一定的空间距离外，通过反射能在人眼中形成另一色（含灰）

的效果。这与两色直接相混合的感觉不同，明度显然要高。因此色彩效果富有颤动感，显得丰富、明亮。例如，西方后期印象派大师凡·高的点彩油画作品，彩色印刷三原色的网点制版（CMYK）等，都是巧妙应用色彩空间混合的实例。色彩空间混合效果的产生，必须具备如下条件。

①对比各方色彩相对纯度较高，色相对比较强。

②并置、穿插或交叉的色彩面积相对要小，要呈密集状。

③观察者与色彩之间要有足够的视觉空间距离。

（三）色彩调和

完善空间环境的色彩关系，除掌握色彩对比的构成变化规律外，色彩调和也是必不可少的，这是影响色彩和谐关系的重要方面。色彩调和是指在两个或两个以上色彩之间通过一定的调整方式，使其组织构成具有符合人们创造目的的、均衡的状态。色彩调和具有两方面的意义：①让凌乱的色彩关系进行有条理的安排，让原来不相配的色彩具有秩序性；②色彩之间的调和能够消除生硬现象。色彩调和经过广泛而长期的实践，有很多行之有效的方法，非常具有实用价值。常用的有以下几类。

1. 同一调和

当色彩搭配对比太刺激、太生、太火、太弱时，可以通过增加各色的同一因素，也就是共性因素，使情况得以缓解，这就是同一调和。

单性同一调和。单性同一调和包括：同明度调和，即具有相同明度，不同色相与纯度的色彩构成，效果典雅；同色相调和，使用色相相同，明度与纯度不同的色彩组成搭配，统一感强烈，但缺少动感；同纯度调和，使用具有相同纯度、不同色相与明度的色彩构成，但需注意的是这种调和以低纯度为依据，互补色不包括其中。

双性同一调和。以三要素中的两种为依据进行的调和也可以产生色彩和谐的效果，包括同一色相同一明度调和，同一色相同一纯度调和，还有同一明度同一纯度调和。

2. 近似调和

选择很接近的色彩进行组合，或者缩小色彩三要素之间的差为类似调和，也称为近似调和。它能够比同一调和产生更为多样的变化。近似调和包括以下几种。

单性近似。在色彩三要素中，某一种性质比较相似，将其他两种进行调和。

双性近似。在色彩三要素中，两种性质比较相似，另一要素将相邻的系列调和。

三性近似。色彩三要素近似，以某一色彩为中心的邻近色进行对比组合效果。

3. 秩序调和

将原本具有强烈视觉刺激性或者表现性很弱的色彩组合按照一定的次序进行排列，使它们之间的关系变得柔和的方式就是秩序调和。秩序感可以为视觉带来平稳感，是控制色彩表现效果的有效方式。

4. 隔离调和

通常，无彩色或金银光泽色的加入（描绘出边线或者面）可以缓和色彩间不和谐的关系，这种隔离的方式称为隔离调和。它可以在调和色彩构成关系的同时增加色彩的丰富性。

此外，还有面积悬殊调和（通过调整构成色彩的面积搭配进行调和）；聚散调和（使搭配不协调的色彩分散以及组合位置调和以及通过位置的重新调整使色彩调和）等。

每个人对于色彩的感觉均有一定的差别，所以色彩调和的结果是相对的，不是绝对的。为了使大部分使用者都能够认同，色彩环境的设计应该从整体出发，避免限于对局部的处理。色彩调和的最终目的是追求色彩环境构成的和谐效果。在实际中，其规律与方法不是一成不变、死搬硬套的。应该多总结优秀设计作品的优点，体会并吸收它们在色彩构成方面的经验。

五、色彩的视觉心理

（一）色彩的心理联想

世上存在的无数色彩本身并无冷、暖的温差之别，更无高贵、低贱之分。这些感觉无非都是色光信息作用于人的眼睛，再通过视神经传达至大脑，然后与他们以往的生活经验极易引起共鸣，产生了相应的各种联想，从而最终形成了对色彩的主观意识与心理感受。

色彩联想带有情绪性和主观性，容易受到观察者各种客观条件的影响，特别是与生活经验(包括直接经验、间接经验)的关系最为密切。人们"见色思物"，马上会联想到自然界、生活中某些相应或相似物体的外表色彩。例如，看到紫色很容易联想起葡萄、茄子和丁香花等物；见到白色会联想起雪花、棉花和白猫等物。这种联想往往都是初级的、具象的、表面的、物质的。另外，从色彩的命名如柠檬黄、玫瑰红、橘红、天蓝、煤黑等色也可见一斑。由于成人见多识广，生活经验丰富，因此联想的范围要比儿童广泛得多。

（二）色彩的心理感觉

色彩的心理感觉是一种高级的、抽象的、精神的、内在的联想，带有很大的象征性。古人总结的所谓"外师造化（客观色彩），中得心原（主观感觉）"就是这个意思。因此只有成年人才能有这样的思维活动。例如，小孩见到灰色，最多联想到老鼠、垃圾等脏东西，明显表示不喜欢。但绝对不可能联想、感觉到高雅、绝望等抽象词意，因为在他们幼小、单纯的心灵里面，根本就不具备这些"多愁善感"的复杂思维。

成人对客观色彩除了有共同感觉以外，还会因个人的民族、宗教、性格、文化、职业处境等不同条件而形成千差万别的主观个性感觉。同时，色彩还有情随事迁的移情作用。另外，色彩的联想与感情不仅限于视觉，还与听觉、味觉和嗅觉也有一定的联系。

六、环境艺术的色彩设计

（一）色彩设计的要求

①空间的使用功能。不同使用功能的空间对色彩具有不同的要求。例如，在美术馆入口的水池上以莫奈的名画作为池底的装饰图案，不仅符合使用功能，还提供了与水结合的色彩效果。

②空间的形式、尺度和大小。色彩可以根据不同空间的形式、尺度和大小进行强调或减弱。进行色彩设计还要考虑到周围环境。

③空间的使用者。不同性别、年龄、职业、背景的使用者对环境色彩的要求各不相同。

（二）色彩设计的方法

1.确定主色调

环境空间色彩应该存在主调，环境的气氛和风格都通过主调来体现。大规模的环境空间，其主调应该体现在整个环境中，并在此基础上进行适当的局部变化。环境空间的主调应该与环境主体相协调，需要在众多的色彩设计方案中进行选择。因此，以什么为背景、重点和主体等，是色彩设计时应该考虑的问题。

2. 色彩的协调统一

主调确定后，需要考虑各种色彩的部位和分配比例。通常情况下，主色调占有较大的面积，次色调占的面积较小。色彩的协调统一还可以通过限定材料来实现，如选择材质相同的织物、木材等。

3. 加强色彩的魅力

主体色、背景色以及强调色三者之间的关系是相互关联、相互影响的，要体现出明确的视觉关系和层次关系。可以通过以下几种方法来加强色彩的魅力。

①反复使用，提高色彩之间的联系程度，让其成为控制整个环境的关键色，获得相互呼应的效果。

②根据一定的规律布置色彩，以形成韵律感。色彩的韵律感不一定要大面积使用，可以运用在邻近位置的物体上，提高物体之间的内聚力。

③视觉很容易集中在对比色上。可以通过色彩对比让颜色本身的特性更加鲜明，加强色彩的表现力。

（三）色彩设计的规律

①在明度、彩度方面，顶棚宜采用高明度、低彩度；地面采用低明度、中彩度；墙面宜采用中间色构成。

②色彩的面积效果。尽量不用高明度、高彩度的基色系统构成大面积色彩。色彩的明度、彩度都相同，但因面积大小不同而效果不同。大面积色彩比小面积色彩的明度和彩度值看起来都要高。因此用小的色标去确定大面积墙的色彩时，可能会造成明度和彩度过高的现象。使用大面积色彩时应适当降低其明度与彩度。

③色彩的识认性。色彩有时在远处可看清楚，而在近处却模糊不清，这是受到了背景色的影响。清楚可辨认的颜色叫识认度高的色，反之则叫作识认度低的色。识认度在底色和图形色差别大时增高，特别是在明度差别大时更会增高，以及会受到当时照明情况和图形大小的影响。相同距离下观看，有的颜色比实际距离看起来近（前进色）；而有的颜色则看起来比实际距离远（后退色）。一般来说，暖色进出、膨胀的倾向较强，是前进色，冷色后退、收缩的倾向较强，是后退色；明亮色为前进色，暗色为后退色；彩度高的颜色为前进色，彩度低的颜色为后退色。

④相比较而言，大面积色彩具有较高明度、彩度，因此要充分考虑施色的部位、面积及照明条件。

⑤被黑色包围的灰色与被白色包围的灰色尽管具有相同的明度，但被黑色包围的灰色看上去更白一些。

第三节 材 料

一、环境艺术设计材料的种类

（一）砖与瓦

1. 砖

20 世纪后半叶，全国建设规模逐渐扩大，砖混结构曾一度成为建设主导。砖材因具有承重、隔声、隔燃、防水火等作用，在环境艺术设计中主要被应用于隔断、花台或基座中。

2. 瓦

自古以来，灰瓦白墙就以黑白构成的韵味显现出了平民屋宅的含蓄恬淡；当代建筑师则利用其特有的装饰肌理与审美指向来制造异乎寻常的视觉效果。瓦是按一定比例将黏土、水泥以及一些特殊材料进行搅拌，为增加色彩种类可加入色粉，由模具铸形，用人工或机械高压成型，再窑烧完成。瓦原来主要用于门檐庭院中，除可满足阻水、泄水、保温、隔热、保护房屋内部不受雨淋外，在室内空间也可作为特殊的装饰。

（二）木材等有机材料

木结构是中国古代地上建筑的主要结构方式，也是辉煌空间艺术的载体。直至今日，中国仍用"土木"工程来表达建设的概念，以区别于西方古代石结构建筑特征。

木材材质轻且具有韧性、强度高以及有较佳的弹性特性，而且木材耐压抗冲击、抗震，易于加工和进行表面涂饰，并且对于电、热以及声音有高强度的绝缘性等，这些特征都是其他材料没有的，所以在室内设计中，木材被大量地采用。尤其是木材独有的自然纹理和温暖的色彩，让人们可以回归大自然，这也是木材受到人们钟爱的原因之一。常用的木材装饰方式有：原木板方材、地板、墙板、天花板、楼梯踏板、扶手百叶窗、家具、实木线条和雕花等。

长期以来，木材的耐候、防水以及防火性质都是环境艺术设计中需要考虑的难题之一。然而研究表明：断面较厚、尺度较大的木材在燃烧温度至150℃时，常在外表形成碳化层。同时由于木材的热传导性较弱，在燃烧时强度衰退较金属等缓慢，从而会形成一定的阻燃机制。因此，一些建筑师扬长避短，尝试将自然材料经由适当加工处理后，再与混凝土、金属等结合，配合防火设施与构造，成功创造出了自然生态建筑。

（三）石材

天然石材因为具有独特的艺术装饰效果和技术性能，在建筑中的应用历史悠久。石材结构致密、强度高，耐磨性、耐久性特别好。从欧洲古代建筑到现代室内装饰，其运用都十分广泛。我国也是世界上石材资源丰富的国家之一，石材的资源丰富，分布面广，容易就地取材。

人造石材，就是将天然岩石的石渣作为骨料，再经过特殊工艺的处理，加工而做出的石材。人造石材吸收了天然石材的优点，相比来看，人造石材比天然石材在抗压性、耐磨性和质量上都有明显的优势，并且人造石材的价格较低，容易被大众所接受，所以在环境艺术设计中运用了大量的人造石材。

碳酸盐之类的岩石再经过沉淀和变质之后所形成的物体，其质地细腻、坚硬，颜色、种类繁多，这就是大理石。天然大理石具有独特的纹理效果。大理石的优点是花纹与颜色种类多、质地细密、颜色艳丽、有较高的抗压强度、有超低的吸水率、不变形、耐久性好、有良好的装饰效果。其缺点是抗风化性能差，但较之花岗石不耐磨、耐风性较差，易变色。除了部分性能稳定的大理石，如汉白玉、艾叶青等可以用作室外装饰材料外，磨光大理石板材一般不宜用于室外。

天然花岗石具有独特的装饰效果。花岗石由火成岩形成，主要矿物成分为长石、石英和云母等。花岗石外观常呈整体均粒状结构，具有深浅不同的斑点状花纹。花岗石的优点是坚硬致密、抗压强度高、吸水率小、耐酸、耐腐、耐磨、抗冻、耐久。花岗石的缺点是硬度大，因此开采困难，质量较大，因此运输成本高。另外，它为脆性材料，耐火性较差。某些花岗石含有对人体健康有害的放射性元素等。

（四）陶瓷

陶瓷是陶器与瓷器两大类产品的总称。陶器产品分为精陶和粗陶两种。陶器产品的断面暗淡无关、手感粗糙、不透明，可分成有釉和无釉两种。环境艺术设计材料中常用的陶瓷制品主要有釉面砖、外墙贴面砖、陶瓷锦砖、地面砖、玻璃制品和卫生陶瓷等。

室内环境设计中，在卫生间、厨房、阳台等场所会大量地采取陶瓷材料，便于清洁保养。目前，随着陶瓷工艺水平的不断提高，不管是国产、合资或者是进口的陶瓷材料，它们的色彩花色、图案样式的种类越来越多，开始有大量的陶瓷材料为室内外场所使用。

（五）钢材与金属

钢结构轻质、高强，柔性变形性能好，施工快速便捷，对场地污染较小，因此是极具前景的新兴建材。除了结构支撑，钢材还积极参与到了建筑形象塑造当中。

金属材料的优点主要有质地坚硬、抗压承重、耐久性强、表面处理技术成熟、方法繁多、易于满足防火要求、机械性能好、耐磨耐温、不易老化、质感优异等。

金属材料易于保养，表面易于处理、易于成型，可按设计要求变换截面形式，有各种产品化型材，可供选用。一般金属结构材料较厚重，多作骨架，可用于如扶手、楼梯等承重抗压的结构材料，而装饰金属材料较薄，易加工处理，可制成成品或半成品的装饰材料。

金属材料色泽突出是其最大的特点，在墙面、柱面、吊顶、门窗的处理中被大范围应用。在对金属材料进行设计时，一定要了解好材料的性质，在使用时也要有所注意，特别是对于尺寸、弯角和圆弧面接触点进行处理时要格外小心。

（六）玻璃

玻璃是一种古老的建筑材料，早在哥特教堂，其就以深红、深蓝等饱和晦暗的彩色玻璃作为特殊围护材料，来影响光强和光色，左右祈祷信徒的意志。这种材料轻盈、脆弱、冷漠、浮华摇曳，与钢等其他材料一样代表了技术的理性力量。

二、环境艺术设计材料的质地

环境艺术设计中所用材料的质地，即它的肌理、纹理等，与形、色一样都能传递信息。材料的质感在视觉和触觉上能够同时反映出来。因此，质感在给予人美感的同时还包括快感，比视觉更胜一筹。自然界中的材料多样，都具有不同的质地，所表达的感觉也各不相同。

（一）粗糙与光滑

表面粗糙的材料有粗砖、石材等，表面光滑的材料有丝绸、玻璃和抛光金属等。虽然一些材料同样质地粗糙，但其质感却完全不同，如石材与长毛织物。显然长毛织物具有更好的触感。丝绸与抛光金属的质地也存在很大差异，前者柔软，后者坚硬。另外，善于利用材料中的纹理能够使其成为环境中的亮点。

（二）软与硬

许多纤维植物都具有柔软的触感，如羊毛织物虽然可以织成粗糙或光滑的质地，但都摸上去令人感觉愉快。棉麻为植物纤维，质地柔软且耐用，经常作为轻型蒙面材料或窗帘。化纤织物种类繁多，虽然价格较低，容易保养，但质地较硬。金属、玻璃等质地硬的材料耐用、耐磨，光洁度很高。

（三）冷与暖

材料的冷暖主要表现在身体接触上，要求具有温暖、柔软的感觉。虽然大理石、玻璃和金属等是高级的材料，但是使用过多会产生冷漠的感觉。由于色彩的不同，在视觉上也会产生不同的冷暖感觉。例如，红色的花岗岩虽然触感冷，但是在视觉效果上是暖的；白色的羊毛虽然触感暖，但在视觉效果上是冷的。因此，设计师在选择材料时需要同时考虑这两方面因素。木材比玻璃、金属暖，比织物冷，不仅可以作为承重结构，还可以作为装饰材料，广泛应用在环境艺术设计中。

（四）光泽与透明度

许多经过加工的材料都具有很好的光泽度，如石材、玻璃和抛光金属等。材料表面的反射作用能够扩大环境的空间感，反射出周围的物体，能够起到活跃环境气氛的作用。同时，光泽材料的表面容易清洁。

透明度是材料的重要特征之一。常见的半透明材料包括玻璃、丝绸等。在环境艺术设计中，利用透明材料能够扩大空间的深度和广度。从空间感来说，透明材料是轻盈、开放的，而不透明材料是私密、封闭的。

（五）弹性

人们之所以感到走在草地上比走在混凝土地面上舒服、坐在沙发上比坐在硬板凳上舒服，是因为材料弹性的反力作用，这是软质或硬质的材料都无法达到的。弹性材料包括竹子、藤、木材、泡沫塑料等。弹性材料主要用于地面、座面等。

第四节 环境艺术设计的形式

一、环境艺术设计的形式要素

形、色与质感等构成了性质相同或不同的造型元素，同时也构成了各式各样的相互关系。而将这些造型要素以一种有序的方式组合在一起的则是称之为"形式要素"的一些关系法则，或称之为"形式法则"。

（一）对比

对比，指的是物象组合中，在形、色、质感以及空间方位上的不同差异程度，相互暗示对方的形式特征，如大—小、长—短、宽—窄、厚—薄、黑—白、多—少、曲—直、锐—钝、水平—垂直、高—低、光滑—粗糙、硬—软、静—动、轻—重、透明—不透明、连续—中断、流动—凝固、强—弱等。对比有对立、生动活泼的品质，有强调部分设计内容的特别效应。

对比，不是将事物无原则的并列。如果处处有对比，整体的对比程度就自然减弱，甚至消失。只有当统一的目标达到时，方才有对比的基础条件。对比的目的性如同人们常说的"好花要有绿叶扶"这个道理。与"对比"相反的概念是"近似"或者说"相似"。它指的是有机地排列与布置共同性造型要素，以求得统一、和谐的整体效果。现代艺术运动中，由俄国艺术家马列维奇提出的"白色上的白色"就是个这种做法的典范。

（二）重复

"重复"就是将具有同样性质的要素反复地使用。重复也就是强调。音乐在时间差异和间隙上做文章，空间艺术则是在与尺度有关的空间关系上做文章。重复意味着有序、有规律。重复加上渐变则在统一与协调中找到了变化。这种变化中的秩序，可以做定量分析。常说的比例、尺度关系也可由之而产生。所谓平衡是一种中和状态。各种造型要素相互抗衡，达到视觉的平衡。

决定平衡的因素是重量感和空间的方向感。结构力学的形式往往很说明问题。一般说对称平衡与不对称平衡，前者讲求焦点，形式上稳定，情绪上肃穆；后者则讲求重量对比的关系，其结果是灵活、易于接近而开放的。比例是一种份额关系。其间有长有短、有高有低、有大有小。比例是局部相对于整体关系的基本单位。在空间设计中，比例是统一各种造型要素的无形的媒介，有着普遍意义。黄金分割比、正方形、圆形和等角三角形就是运用比例的经典例子。

（三）韵律

"韵律"是一种音乐的概念，指的是音乐的强弱变化关系。而这种所谓的变化有其自身的秩序，韵律则是这种运动中的秩序的代名词。在自然景观的山山水水中人们能看到这种秩序，这种形与色的、有规律的连续起伏，而视线随之而移动，在其中感到的是一种有序的、有内在原因的变迁。韵律的本质不是基本单位的重复，而是彼此间的某种内在关系的有序的再现。在现代艺术中，常常看到视觉艺术家将漩涡、流动、疏密、方向等概念，用形与色和质感有序地表现了出来。在环境艺术设计中，设计师们会将空间赋予一种节奏，以形成韵律的效果。

韵律赋予作品以生气，可以吸引人们的注意，便于使用者理解空间，体会到所在的空间艺术品的相应情趣。动态平衡是很多现代空间造型艺术作品所要追求的基本目标。城市、景观、庭园、建筑单体和建筑的内部空间是静态的，但是人的活动，尤其是人的心理活动让空间艺术作品动了起来。观察者的感受赋予了空间艺术作品以意义，因此，讲求变化是设计活动中的基本道理。

（四）对称

"对称"是一个很传统的概念，具有理性的特点。它在整个古典设计艺术中占有十分显要的地位。而轴线则是达到这一效果的主要衡量依据。对称轴两侧的任何形，都等距离地左右呼应或者以中心点为依据，等距或等角度来辐射，以限定方向性或强化中心的焦点。然而，对称的适用范围在过去被人为地扩大了，变成了一种建立统一感，实现简单控制的强有力手段。对称应用于城市设计、建筑、室内、景观设计等许多方面。由于规则性很强、可以获得统一感的特点，它往往被用来创造有控制性的、庄严肃穆或者极端豪华的场所，如城市中心、广场等。

二、环境艺术设计的形式统一

（一）形式多样性的统一

环境设计作品有其多样性，但是，多样而统一的形态才最富有感染力，人们可以从丰富的感受中体会到一种秩序。而所谓秩序，是整体而言的，指的是作品拥有一种遵循事物发展、运行的主线，有序而有趣地引导着人的欣赏行为，如同一幅凡·高的画，处处令人惊奇，但作品的整体性一目了然。中国传统园林设计在这方面相当精彩，它们往往显得宛如天开，处处令游人惊奇，而不失内在的有序感。西洋园林显得有序得过头，日本园林有时显得太自然。倘若设计者单纯地为功能而设计，虽富于理性，但其结果会显得缺乏情感。环境设计毕竟不是解决数理逻辑问题。在避免作品表面化的同时，要尽可能地随机照顾人的感受。

然而，这仅仅是问题的一方面，之所以强调多样而有序，是为了进而创造一种必要的安定感。无论如何，人总是期望能把握自己与环境的关系。丰富不等于混乱、多样不等于繁杂。中国的文人画就很单纯，"少即是多"是很符合中国人的审美习惯的。单纯意味着严格地选择表现元素，用纯熟的技巧来展现艺术表现力，言出必中。换言之，在设计语言的运用上"惜墨如金"，没有废话。追求作品的单纯性并不是件容易事，表现单纯，就要见基本功、见修养，它表达的是高贵而淳朴、合乎逻辑和艺术规律的设计意念，是环境设计中的至高境界。

（二）形式与内容的统一

设计作品的感染力不但取决于主题的选择、效果的多样而统一有序和作品的单纯性，而且取决于作品在现实生活中的实用价值和它自己的生命力。艺术创作上的丑陋东西就是艺术上不真实的东西、装腔作势造作的东西。毫无意义地虚张声势、没有必要地雕梁画栋、增添外观上的累赘与设计伦理也是相悖的。事实上，这种做法在现实中更会造成直接的经济损失。对作品真实性的追求就是对于功能与环境效益的追求。所设计的场所的真实性就在于它所反映出来的环境效益的明确性，除了一般的艺术问题之外，在环境设计活动中的许多方面的参考系都是可以量化的。

要创造一个真实的环境形态，设计师就必须付出相当的精力去周密地思考、决策。环境艺术作品中所体现出来的可持续性发展形态是设计生命力的最集中表现。从广义上讲，它比现实的利益更为重要。当然，作品的生机还在于作品从外形到内在结构的匀称、条理和必要的动态平衡关系。在今天的信息社会里，人们不出门户便可与他人共享所需的一切信息。有创造性的作品，即有个性的作品已显得更加难得，自然也更谈不上有什么风格或学派。然而，自古以来，好的作品都是有其鲜明个性的。个性意味着特色、独到见解、有别于其他作品，在某些方面有比较深刻的探索，因此而具有自己的特殊艺术魅力。形式美研究事物外在的表现，而这个问题与事物的内在联系的本质是一样的。但是，从传统的角度来看，形式美有其自身的一般规律性。然而，一般性的形式美原则又是可以被突破的。

在研究形式美的同时，绝不应该忘记：内在的结构支撑着外在的形式；事物的相互关系制约着场所的形态。对形式与内容的统一问题的理解可以不同，但是，其内在联系是事实，是怎么也无法解构的。不能孤立地谈形式美，形式相互间的关系问题是人们讨论的起点。从关系上讲，这里有对比、类似、对称、均衡、重复等；如果做定量分析，则有长短、大小、强弱等；一些与此相关的概念有：平衡、均等、匀称；比例、比率；韵律、节奏；动势、动态；突出、强调等。

第四章 环境艺术设计的程序和方法

众所周知，环境艺术设计是按照一定的程序与方法进行的。设计程序是必不可少的，其原因在于环境艺术设计内容多样、步骤烦琐、冗长复杂，故而采取合理有秩序的工作程序和科学有效的工作方法，这样可以使复杂的问题变得易于控制和管理，提高工作效率。本章主要围绕环境艺术设计的程序与方法进行具体阐述，本章共分为环境艺术设计的程序、环境艺术设计的方法两部分。主要内容包括：环境艺术设计的六大程序及其相关介绍、任务分析、资料的收集与调研、设计方案的构思与深化、模型制作等部分。

第一节 环境艺术设计的程序

一、环境设计的四个阶段

环境艺术设计是一项非常复杂和系统的工作。在设计中除了涉及业主、设计人员、施工方等方方面面，还涉及各种专业的协调配合，如建筑、结构、电气、上下水、园艺等。同时，还要与政府各职能部门沟通，得到有关的批准和审查，才能具体落实。

为了使环境艺术设计的工作顺利进行，少走弯路，少出差错，在众多的矛盾中，先考虑什么，后解决什么，必须要有一个很好的程序。只有这样，才能提高设计的工作效率，从而带来更大的经济效益和社会效益。

环境艺术设计从立项到完成的发展过程有其规律可循，我们根据较为普遍的情况将其过程归纳为四个阶段，如图4-1所示。

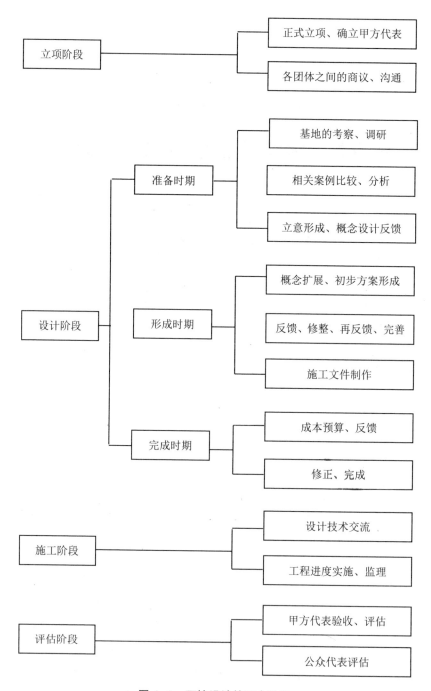

图 4-1　环境设计的四个阶段

其中,设计形成阶段包括方案设计、设计扩初和施工图设计三个步骤,其具体的设计内容、设计要求以及设计目的如表 4-1 所示。

表 4-1 设计形成阶段的步骤

设计阶段	设计内容	设计要求	设计目的
方案设计	市场调研、总体功能分析、结构分析、总体概念分析	资源普查与市场调研、广泛征求意见、进行项目讨论、编制设计规划大纲、环境分析图等基础文件	提出现状问题、分析优秀案例、提出草案构想、明确设计理念、设计特色与方向
设计扩初	功能节点分析，视觉与空间形态设计，相关技术配套分析，建立设计草模，分区域细化功能分析，分布节点、重点、与同类案例比较、批判与吸收、提出详细方案	地形标高、材质分布以及主要空间及构筑物的详细设计	主要节点、空间的设计意向、表达设计师的详细意图
施工图设计	完善、修改扩初阶段的设计图纸	所有设计内容的尺寸、材料规格、做法逐一标明，并配有方案设计的技术说明	具备能够指导施工进度的大样详图，并建立施工图集录

二、环境设计的具体步骤

（一）设计准备

环境艺术设计在设计准备阶段的整个流程如图 4-2 所示。

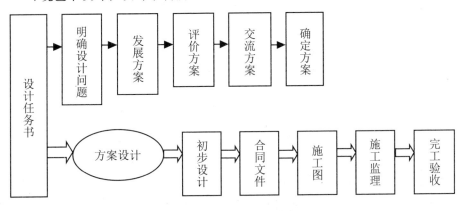

图 4-2 设计准备阶段流程图

设计准备阶段的主要工作是委托任务书、签订合同、明确设计期限并制定设计计划进度安排、考虑各有关专业、工种的配合与协调等。

首先必须了解有关的政策法规,基地的土壤、地形、植物生长、气候等条件,使用者的社会文化背景和需求,大量同类场所的设计与使用情况。这时候常常需要到现场进行勘察测量,以获得最为直观的印象。

其次要明确设计任务和要求,如设计对象的使用性质、功能特点、等级标准、造价控制,以及由此引申出来的环境氛围、文化内涵和艺术风格等;熟悉与设计有关的规范和定额标准,收集分析必要的资料和信息,包括对现场的调查踏勘以及对同类型案例的研究等;然后对这些信息进行筛选、分类、汇总等。设计准备阶段的工作内容如图4-3所示。

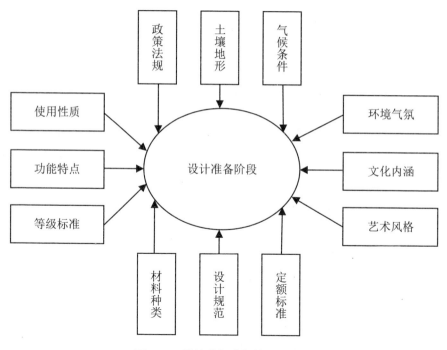

图4-3　设计准备阶段的工作内容

1. 建筑环境规划

环境空间规划有各种不同的层面,相互之间具有关联性。例如,国土规划规定了以交通体系、河流山川为中心的区域规划用地条件,并进而影响到了城市规划、分区规划和设施规划等。

此外,还包括设计文书的制定。设计说明书与设计图等文件总称为文书。制作设计文书的目的,第一是为了正确提出工程造价,因为工程承包人是根据文书内容做出预算书的；第二是为了完整、准确地表现设计方案。为了使从整体到细部都能准确地按设计进行，必须把必要的内容简洁明了地表示出来，见表4-2 某住宅的设计文书。

表4-2　某住宅的设计文书

图名	比例	表示事项	备注
总图	1：100；1：200	用地形状、道路位置与宽度、方位（正北）、建筑物位置	申报、批准所必需的内容
装修表	—	室内外各部分的装修材料、底层材料、涂饰种类等	—
说明书	—	对材料、做法的指示说明	—
平面图	1：100	主要结构体（墙、柱）、洞口位置与形式、固定家具、主要尺寸（达到可进行面积计算的程度）	有时也兼作总图，申报、批准所必需的内容
立面图	1：100；1：50	东西南北立面的外观、主要饰面材料、地基面（现状与设计上的）、落水管、滴水沟	申报、批准所必需的内容
剖面图	1：30；1：20	地基面（现状与设计上的）、最高点、檐口高、地面高、顶棚高、洞口高、檐口与出槽的尺寸	申报、批准所必需的内容
剖面详图	1：30；1：20	剖面详图、横构架材料（地梁、梁）的位置与截面形状、地面、墙壁、顶棚、屋顶的构架、垂直方向的尺寸楼梯详图	申报、批准所必需的内容
平面详图	1：50；1：20	平面构成因素与其尺寸详图、结构（主体）的类别与形状、装修材料的范围、地面标高、构件符号、地面装饰材料画线定位	家具布置用虚线表示，地面上1m高处的平剖面
展开图	1：50；1：20	墙面构成因素的详图、饰面名称与范围画线定位（贴面、板类）、高度方向的详细尺寸、设备器具的安装位置	最好与平面详图同比例
局部详图	1：1～1：20	构造详图（特别要指定的地方）	可兼作施工图
顶平面图	1：50	顶棚的装修作法（材料、铺法、画线定位），周圈、窗帘盒、灯具的固定位置等	—

图名	比例	表示事项	备注
构件表		构件符号（与平面详图相对应），形式、固定地点、立图、数量、材料、装修（涂饰）、玻璃、门窗五金等	—
家具图	1：1～1：20	固定家具、订购家具的详图与规格	—
设备图	1：100；1：50	电气设备、给排水、供热水设备、卫生设备、空调设备、燃气设备的配线、管线图、指定器械	—
外部构造	各种	大门、围墙等的铺装，外环境的铺装等	—

2. 规划过程

环境规划是指包括建造过程的评价在内，用多种方案比较、分析营造环境的可能性。对环境艺术设计的目的设定、所需规模、所需概算等进行综合评价，重点从是否符合使用需要及采用方案的经济性方面进行分析评价，根据评价结果确定前提条件，然后进行设计。可以说设计就是从尽可能详细地获取这些前提条件开始的。

3. 设计条件

这是指在设计过程中，用最适当的形式使之与具体的设计对象相适应，从而归结出具体的环境空间形象的内容。设计师把这些条件明确落实到空间环境设计中去，据此确定总体设计的方向，按建设单位的要求进行设计。

（二）方案设计

方案设计阶段是设计的前期阶段，其主要工作为收集、分析、运用与设计任务有关的资料与信息，提出更多有建设性的想法和概念。在方案设计阶段，可能会同时设计出不同的初步方案草稿，先将这些初步方案草稿进行对比，从中选出值得保留的地方，最后再整理成正式的设计方案，即确定初步设计方案。

方案设计阶段主要考虑的是那些带全局性的问题。一般情况下先设定一个总目标，以此为起点，层层向下推进，确定不同层面的分目标。各个分目标都有自己的特殊性，既相互独立，又相互关联、相互影响、相互牵制，形成了错综复杂的局面。

设计师在设计总目标时，次级目标不会考虑的过于全面。只有当深入设计的时候，设计中的问题和矛盾才会显现出来，不过这就需要回到最初，对设计方案进行调整和修改。可以说，设计的过程就是一种在前期以收集概念性信息为主，后期以收集物理性信息为主，频繁交换信息，边进行边反馈的过程。

徒手的草图设计是初步设计阶段的重要且最常用的手段，它是一种综合性的作业过程。从草图开始，对环境空间功能、家具、装修设计等进行可见的统一构思，确定空间形式与尺寸，对大致的色彩与材质进行统一归纳。

1. 设计方案图

建筑设计方案图包括彩色透视效果图、平面图、剖立面图、天花平面图、三维模型、选用材料样板、设计说明及造价概算等。

（1）彩色透视效果图

应充分考虑拟建场所与城市规划、周围环境现状的关系，以及基地的自然、人文条件和使用者的要求等。色彩装点了城市建筑景观，提高了城市建筑美感，为了进一步提高建筑景观设计过程的色彩应用效率，要科学总结实用的设计方法，要基于人本观念，重在提高人们生活质量，从而积极迎合时代发展，为建筑景观设计水平提高提供有效保证。

（2）平面图或彩色平面布置图

常用比例为 1：50 和 1：100。设计师应结合平面布局规划，推敲场所的形式，使它不但符合形式美的规律，而且具有深刻的美学意义。

（3）剖立面图

立面是水平方向看过去，剖面是用假想的剖面，显示物体内部结构的。剖立面图的常用比例是 1：20 和 1：50。

（4）天花平面图

天花平面图包括灯具、风口等的布置，是运用水平投影方法做出的平面图纸，其常用比例为 1：50 和 1：100。

（5）三维模型

常用比例为 1：20、1：50、1：100 等，这应根据具体情况而定，设计师应力图准确、清晰地表达设计意图。

2. 环境技术设计

环境技术设计主要的工作内容为在各工种相互协调一致的工作状态下，确定设计的规范措施、完成结构设计、进行建筑结构的选型、对建筑材料的选择和利用以及最后的造价计算等方面。

（1）设计规范

建筑设计规范是对建筑设计中各种技术规定和行为措施的具体要求，它为建筑设计提供了统一的制度标准，是国家建筑法规体系中重要的组成部分。

在建筑法规中，主要包含三方面的内容：法律、规范和标准。其中法律是具有强制意义的，它对建筑中的行政管理起着规范和制约的作用；规范主要是针对建筑的综合技术，为其划分大概的可行依据；标准所针对的对象更为具体，它侧重的是某一单项技术，为其规定了明确的尺度范围。

（2）结构设计

结构设计是环境设计中的基础环节，它主要是对建筑的承重结构进行设计。在结构设计中，需要对基本的建筑结构进行必要的了解和考察，使设计更为坚固、稳定，这也是结构设计的主要目的。

建筑结构的类型根据结构要求的不同有着各种各样的划分。例如，按建筑材料可划分为木质结构、钢结构、砖石结构等；按承重体系的不同可划分为框架结构、剪力墙结构、悬索结构、筒体结构等；按外形特点可划分为单层、多层、高层、高耸、大跨等。

在环境艺术设计中，针对建筑结构的设计必须要谨慎，因为这关系到许多人的生命安全问题。但是随着现代技术工程的不断发展，以后肯定会出现越来越坚固的建筑结构和材料，建筑技术也会更加的先进和发达。

（3）结构选型

结构选型是环境设计中的重要环节，它主要是通过对建筑的结构和施工等问题进行考量，再选择较为合适的材料和构件。由于结构的选型是否合理对建筑施工来说意义重大，因此在结构选型过程中必须遵守一定的原则和要求，按照实际建筑环境需要做出决定。

结构选型的原则可具体归纳为以下几点。

①从实际出发，因地制宜，就地取材。

②做到技术先进、经济合理，并能够保证适用的安全性和施工的方便性。

③优先采用预制装配式结构和专门定型构件。

④针对比较特殊的结构要具体问题具体分析，提前做出特殊化的准备。

（4）材料的选择利用

在环境艺术设计中，材料的选择和利用也是需要重点考虑的因素之一，我们需要通过以下几方面来分析。

①了解不同材料的性能和特性。不同材料之间有着各自不同的属性，需要根据建筑物的实际需要进行采用。建筑材料的属性特性大致可被分为5种：物

理属性、力学属性、物理属性、感觉特性、经济特性。其中物理属性主要关注材料的重量、导热性能、通电性能、隔音性能、光泽透明性能等；力学属性主要关注材料的硬度、弹性、韧性等；化学属性主要关注材料是否具有可燃性、耐腐蚀性、热稳定性等。而感觉特性和经济特性主要是围绕人这一因素来提出的，如材料的色彩、形状、贵贱都能直接影响人的生理和心理，因此也应该给予关注。除此之外，材料还具有诸如时间性、组合性、协调性、污染性等其他特性。

②展现材料的形式美。有些天然材料其自身具有的色彩、纹样、肌理等特征可以为设计提供更好的选择和灵感，因此，在环境建筑设计中应积极对其进行发掘，充分利用和保护好材料固有的形式特色，展现其独特的形式美。

③遵守与材料有关的环保要求。现代社会对于环保的要求越来越严格，而环境设计建筑作为社会中存在时间较为长久的物体，其建筑材料是否环保也影响着周围的环境质量。因此，在进行环境艺术设计时，要多考虑建筑材料的环保问题，比如：此设计方案是否会造成材料的浪费，此种材料是否可以回收利用，此种材料的使用是否合乎环境的标准等。

④设计说明及造价概算。设计说明主要用文字来表达构思、审美风格取向与追求，特别是本方案的创新之处；对现状的分析，问题的提出以及解决问题的办法；对平面布局方面的考虑、材料的选用、造型及色彩的确定等在图纸上难以表达清楚的内容。如果甲方有特殊要求或项目规模较大，可以制作三维动画演示文件。

（三）扩初设计

扩初设计阶段在环境艺术设计进程中并不属于必经的环节，如果在方案设计阶段时所确定的方案通过相关部门审批后就能直接进行施工图设计阶段，扩初设计阶段就可以跳过。也就是说，扩初设计阶段适用于那些项目过于复杂、技术要求较高的环境工程设计，扩初设计是对初始设计方案的进一步深化，要确保其施工的可行性。此外，这一阶段还需要进行工程造价的概算，最后再交由相关部门进行审批。

（四）施工图设计

施工图设计是对初步方案设计的深化，是设计与施工之间的桥梁，是工人施工的直接依据。施工图设计阶段的内容包括整个场所和各个局部的确切尺寸及具体做法，结构方案的计算，各种设备系统（水、电、暖气、空调等）的计算，选型与安装等。

施工图设计阶段在整个环境设计进程中的地位十分重要，它决定了最后的环境建筑工程是否能够顺利实施。因此，在这一阶段需做好各部门之间的沟通协调工作，对其中可能出现的综合问题进行综合性地解决。

（五）设计实施

设计实施阶段是设计项目工程正式实施的阶段，在这一阶段中应重点关注在前几个阶段中出现的有关实施的问题，严格执行，认真检查，只有这样才能确保达到最后的预期效果。

在设计实施阶段中具体包括施工前、施工中和结束阶段三个小阶段，并一共分为五个方面的工作。设计实施阶段工作如图 4-4 所示。

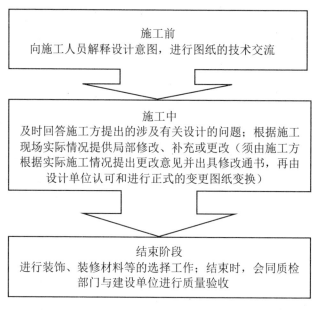

图 4-4　设计实施阶段工作

（六）设计评估

设计评估阶段的主要工作为通过调查问卷或口头表达等方式，让客户做出对整个设计工程的评估，其目的是检验工程是否达到了预期效果以及客户的满意程度。设计评估阶段的存在是十分必要的，它可以为下一次工程的准备提供宝贵经验，避免发生之前存在的问题，造成资源和时间的浪费。如今，设计评估阶段也越来越受到设计者的喜爱和重视。

第二节 环境艺术设计的方法

一、任务分析

任务分析就是对设计任务及信息进行更加透彻的理解和掌握，做好任务分析工作有助于帮助设计者设计出更令用户满意的设计作品。

（一）对设计要求的分析

1. 项目使用者、开发者的信息

（1）使用者的功能需求

对于有明确使用目的的设计来说，了解使用者的功能需求是十分有必要的。人们对于周围环境空间的需求各不相同，人们自身的行为特点、活动范围也存在很大差异，设计师要想设计出令使用者满意的产品就应该及时了解使用者的功能需求。

（2）使用者的经济、文化特征

从设计产品的接受程度角度来分析，使用者的经济、文化水平是消费的主要影响因素之一，经济决定了消费者的消费范围，文化决定了消费者的消费取向。以快捷酒店为例，目前市场上大部分的快捷酒店都将年轻人群作为消费主体，因此在酒店的设计上就要主打时尚、前卫的特色，以此吸引年轻消费者的注意。

（3）使用者的审美取向

审美取向关乎人的品位和需求，设计师在设计时若能多对用户的审美品位进行了解和掌握，就能抓准用户的消费意图，设计出更令人满意的作品。

以室内环境为例，审美取向的影响因素可以分为以下几方面。

①空间的规划布局。

②光线明暗效果。

③家具的类型和摆放。

④室内风格陈设。

环境艺术的设计不仅涉及了多种学科的交叉，还体现出了明显的商业特性。一家店面如果设计得足够优秀，就会被以"商业美术"的评价来赞许。环境艺术设计的商业性表现如图4-5所示。

"商业美术"的商业性表现

> 对于设计者而言，这种商业性就是获取项目的设计权，用知识和智慧获取利润

> 对于开发商而言，则是通过环境设计达到他们的商业目的——打造一个适合于项目市场定位和满足目标客户需求的环境空间，使客户置身其间，能体验到物质、精神方面的双重满足感，从而为这种环境消费，并使商家从中获利。因此，与开发商的良好沟通，有利于设计者充分了解项目的真实需求，准确定位开发商的意图，以及客户心中对项目未来环境的假想。这样一来，便能够创造出优秀的环境艺术作品

图 4-5 "商业美术"的商业性表现

（4）开发商的需求和品味。

①开发商的需求。分析开发商需求时的注意事项如图 4-6 所示。

分析开发商需求时的注意事项

> 通过沟通，分析出开发商对该项目的商业定位、市场方向、投资计划、经营周期、利润预期等商业运作方面的需求，例如，同样是餐饮业，豪华酒店、精致快餐、异国风味、时尚小店、大众饭店等均是餐饮业的表现形式，但一旦投资者确定了一种定位和经营方式，那么无论从管理模式、商品价位、进货渠道、环境设计等任何一个方面都须符合其定位。这时，设计师需要更多地从商业角度去分析并体会投资者的这种需求，从而制定出设计策略，考虑在设计中将如何运用与之相适应的餐饮环境的设计语言，最终创造出较为理想的环境

> 通过沟通，分析投资者对项目环境设计的整体思路和对室内外环境设计的预想。此时，设计师将以"专家"的身份提出可行性的设计方案，该设计方案需要兼顾项目的商业定位和室内外环境设计的合理性及艺术性原则，还需要考虑到投资人对项目环境的期望，包括对项目设计风格、设计材料、设计造价的需求

图 4-6 分析开发商需求时的注意事项

②开发商的品位。在对开发商的品位进行分析时，不能片面只从个人的角度出发进行分析和调查，要尽量从团队的角度来把握。从某种程度上来讲，品

位欣赏代表着一家公司的格局和内在修养，因此不仅要对此有着精准的把握，还要对业主的环境期望有一个良好的分析。

2.设计任务书

设计任务书是建设单位确定基本建设项目和编制设计任务的计划性文件，是环境艺术设计的字面依据，它主要包括图纸和文字叙述两方面的内容。关于设计任务书中提出的要求的两大主要内容如图4-7所示。

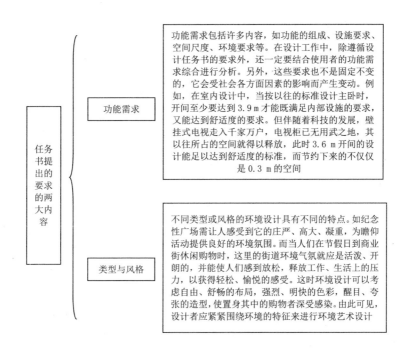

图4-7 设计任务书提出的要求的两大内容

（二）环境设计条件分析

1.室内设计条件分析

在室内环境设计中，一些客观条件因素往往会对设计造成干扰和损失。因此，设计师要在设计前充分做好室内条件的分析工作，及时处理相关问题。当然，这一过程也离不开对建筑原始图纸的分析，图4-8是对建筑原始图纸的五个方面的分析。

分析建筑功能布局。建筑设计尽管在功能设计上做了大量的研究工作,确定了功能布局方式,但依旧会存在不妥的地方,这是无法避免的。设计师要从生活细节出发,通过建筑图进一步分析建筑功能布局是否合理,以便在后续的设计中改进和完善。显而易见,这是对建筑设计的反作用,同时也是一种互动的设计过程

分析室内空间特征。即分析室内空间是围合还是流通,是封闭还是通透,是舒展还是压抑,是开阔还是狭小等室内空间的特征

对建筑原始图纸的分析

分析建筑结构形式。众所周知,室内环境设计是基于建筑设计基础上的二次设计。在设计工作的过程中,有时由于业主对使用功能的特殊要求,需要变更土建形成的原始格局和对建筑的结构体系进行变动。此时,需要设计师对需调整部分内容进行分析,在保证建筑结构安全的前提下适当地进行调整。显然,这是为了保证安全必须进行的分析工作

分析交通体系设置特点。即分析室内走廊及楼梯、电梯、自动扶梯等垂直交通联系空间在建筑平面中是怎样布局的,它们是怎样将室内空间分隔,又怎样使流线联系起来的

分析后勤用房、设备、管线。即分析建筑物内一些能产生气味、噪声、烟尘的房间对使用空间所带来的影响程度,以及怎样把这些不利影响减少到最低限度。还要阅读其他相关的工程图纸,从中分析管线在室内的走向和标高,以便在设计时采取对策

图 4-8 对建筑原始图纸的分析

2. 室外设计条件分析

(1) 自然因素

每一个具体的环境艺术设计项目都有其特定的所在地,而每一个地方都有其特有的自然环境。在一个设计开始进行时,需要对项目所在场地及所处的更大区域范围进行自然因素的分析。

（2）人文因素

任何城市都有属于自己的历史与文化，形成了不同的民风民俗。所以，在设计具体方案之前，设计者必须对所在地的人文因素进行调查与深入分析，并从其中提炼出对设计有用的元素。

（3）经济、资源因素

经济增长的情况、经济增长模式、商业发展方向、总体收入水平、商业消费能力，资源的种类、特点以及相关基础设施建设的情况等，是分析项目周边经济、资源的主要因素。

二、资料的收集与调研

（一）现场资料的收集与调研

1. 场地调查

场地调查包括室内调查与室外基地调查两种。其中，室内调查内容包括量房、统计场地内所有建筑构建的确切尺寸及现有功能布局，查看房间朝向、风向、日照、外界噪声源等。室外基地现状包括收集与基地有关的技术资料进行实地踏勘、测量两部分工作。其中基地条件调查的内容分为五个方面，如图4-9所示。

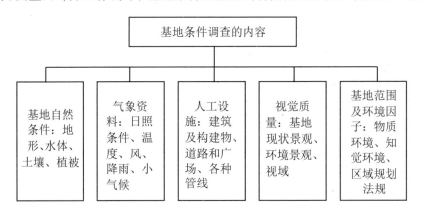

图4-9 基地条件调查的内容

2. 实例调研

在获取和积累知识的过程中，查询和收集资料虽是有效途径之一，但实地调研更能得到实际的设计效果体验。此外实例调研还可以分析获取相关信息，吸取经验教训等，对设计活动的顺利开展极为有益。实例调研的具体工作流程如图4-10所示。

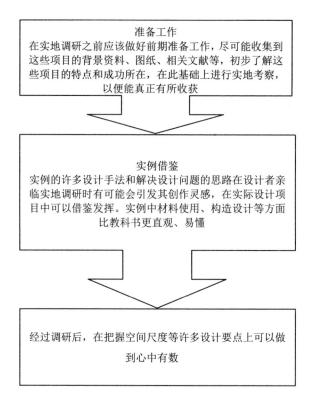

准备工作
在实地调研之前应该做好前期准备工作，尽可能收集到这些项目的背景资料、图纸、相关文献等，初步了解这些项目的特点和成功所在，在此基础上进行实地考察，以便能真正有所收获

实例借鉴
实例的许多设计手法和解决设计问题的思路在设计者亲临实地调研时有可能会引发其创作灵感，在实际设计项目中可以借鉴发挥。实例中材料使用、构造设计等方面比教科书更直观、易懂

经过调研后，在把握空间尺度等许多设计要点上可以做到心中有数

图 4-10　实例调研

（二）图片、文字资料的收集

1.收集设计法规和相关设计规范性资料

设计规范是对设计过程的要求和管理，要想顺利地完成设计工作就必须严格遵守设计规范。因此，设计师在设计前要先开始收集设计法规和相关设计规范性资料。

2.收集项目所在地的文化特征

文化特征是记录一个地区、一座建筑或是一段历史的重要依据，收集项目所在地的文化特征，不仅是设计师的基本工作之一，也是提高设计效果的重要因素。收集项目所在地文化特征的原因有两点，如图 4-11 所示。

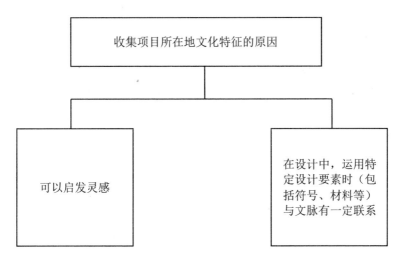

图 4-11 收集项目所在地文化特征的原因

三、设计方案的构思与深化

（一）设计方案的思考方法

1. 整体与局部的关系

设计方案应该处理好整体与局部的关系，从大处着眼，小处着手。整体是由若干个局部构成的，在撰写设计方案的过程中，应该对整体设计的任务进行构思，之后再进行深入调查，收集相关资料。立足于人体尺度、活动范围等，进行反复地思考与推演，实现整体与局部的融合，设计过程中不能忽视整体与局部的任何一方，这样才会得到最好的结果。

2. 内与外的关系

室内环境的"内"包括与之相连接的其他室内环境。建筑室外环境的"外"与"内"之间的联系十分密切。设计方案就是要从内到外，从外到内对其关系进行反复的协调，使方案更加优化。

室内环境与建筑整体要统一，在设计的过程中，要注重对室内外关系的处理，在构思过程中更要进行反复地协调，实现设计方案的优化与深化，要不然就会使初选室内外的环境不协调。

3. 立意与表达的关系

立意是设计的关键所在，立意必须要明确，这样才能开展后续的工作，才可以设计出更加优秀的作品。好的立意也需要清晰地表达出来，否则再好的立意没有完整的表达，也只不过是一个没有落实的想法，设计师不仅要有具备立意的能力，还要具有清晰的表达能力。

优秀的设计师在设计构思和意图的表达上可以做到准确、完整、极富表现力，可以使建设者与评审者通过相关的模型、图纸、说明资料等对设计师的意图与构思有清晰的了解。

一个优秀的设计师应该是立意、内涵、表达都兼具的人才。在设计方案的投标竞争中，首先要确保的就是图纸的质量，图纸的质量是设计者所想要表达内容的直接反应，关系到投标竞争的成败。

（二）设计方案的构思

设计方案的构思是设计方案设计过程中的重要环节。构思会借助形象思维的途径，将在设计前期做好的充分准备，以及分析与研究的成果落实到行动之中，最终形成设计方案。

设计方案的构思离不开设计者的形象思维，创造力与想象力作为形象思维的重要基础，它所呈现的多种思维方式往往会使人获得更多的设计灵感。优秀的环境艺术设计作品往往会给人带来动力与灵感。

创造力与想象力并不会凭空出现，可以通过后天的训练与刺激获得，设计者可以通过平时的学习与训练进一步激发自己的设计思维，多动手，多动脑，为创造力与想象力奠定基础。

（三）多方案比较

1. 多方面比较的必要性

人们认识事物，解决问题时习惯于方法结果的唯一性与确定性。但是对于环境艺术来讲，认识与解决问题的方式、结果并不是唯一的，具有不确定性与相对性。由于影响环境设计的客观因素比较多，在处理这些影响因素的过程中，设计者的处理方式与侧重点不同就会产生不同的设计方案，只要没有偏离正确的设计观，就没有对错之分。

在环境艺术设计中，多方案是其目的性的要求。不管是对设计者还是建设者，他们的目的都是一样的，都希望在特定的时间内得到一个相对完善的实施方案。多方案构思采用民主参与的方式，会让使用者与管理者参与到设计之中，他们会将体验的感受与意见提出来，丰富设计者的构思，使方案更加完善。

2. 多方案比较和优化选择

提高设计者的设计方案能力的有效途径之一，就是进行多方案的比较。进行比较的方案都应该具备一定的创造性，否则进行比较就没有意义了。在完成多方案的设计之后，应该展开对方案的分析与比较，从中选出最佳的方案。

（四）设计方案的深化

1. 设计方案的调整

为了解决多方案分析、比较过程中发现的矛盾与问题，设计方案应该随时进行调整，对于出现的矛盾与问题应该进行及时处理。设计方案的调整应该在合理的范围内，不可能无底线地进行修改与补充。

2. 设计方案的深化

实现方案设计的最终要求，肯定会经历一个由模糊到明确的过程，会由具体的行动进行一步一步的深化。按照步骤，有条不紊地进行，实现最终设计方案的深化，为执行免除不必要的麻烦。

四、模型制作

模型制作是方案设计中最能表现设计效果的一个环节，模型可以将设计转化成实体，让人们更加直观地理解设计的内涵，弥补图纸的局限性。根据模型的用途，可将模型分为正式模型和工作模型两大类。

（一）正式模型

正式模型是设计方案最后成果的完整表现，具有较强的表现力和艺术效果。通常正式模型既可以运用各种材料综合表现某一空间关系效果，也可以只选用一种材料简化色彩机理，注重表达空间关系。

（二）工作模型

工作模型相较于正式模型来说较为简单，设计师在设计过程中为了能及时地将设计想法付诸实现，通常会选用工作模型来进行表达，因此工作模型也具有更为直观性的特点。工作模型的材料选取也较为简单，通常选用的是木材、卡纸、聚苯乙烯块等，这些材料技艺的加工和拆改使得模型制作起来非常方便。

第五章 环境艺术设计的制图规范与表现手法

随着环境设计业的快速发展，环境艺术设计师必须具备良好的表现技能与艺术表达能力。拥有娴熟的绘画技能，并能选择恰到好处的表达手段，这是环境艺术设计师在行业内生存的根本。本章分为环境艺术设计的制图规范与表现手法两部分。主要内容包括制图工具和使用方法、制图规范、制图符号以及手绘表现的基础、基本工具、材料、主要技法类型、特点等方面。

第一节 环境艺术设计的制图规范

一、制图工具和使用方法

制图工具可分为绘图工具和测量工具，绘图工具配合制图使用，种类较多，并可根据不同图纸类型的需要进行选择。绘图工具有画板、丁字尺、三角板、比例尺、曲线板、曲线尺、圆规、针管笔等。测量工具主要是配合场地测量尺寸，目前常用的测量工具有卷尺、测距仪，还有一些测量软件等。

（一）制图工具

运用制图工具辅助制图时，首先要了解绘图工具的功能和使用方法，下面对一些制图工具进行介绍。

1. 制图笔

（1）铅笔

铅笔是必备的制图工具，铅笔一般用来绘制底稿，方便错误的时候可以反复修改。传统木质铅笔按笔芯的软硬程度分为 H 和 B 两种类型。H 的数值越大越硬，B 的数值越大越软。总共有 18 个硬度等级，为 10H、9H、8H、7H、

6H、5H、4H、3H、2H、H、F、HB、B、2B、3B、4B、5B、6B。在制图过程中，推荐使用 2H 和 H。

自动铅笔也可替代传统铅笔使用，专业绘图自动笔的笔芯一般分为 0.3 mm、0.5 mm、0.7 mm、0.9 mm 等。推荐使用 0.3 mm 及配套 H 的笔芯。

在绘制底稿的过程中，要控制运笔力度，底稿线条可见即可。如用力太猛，会导致修改时不方便擦除。关于运笔方向，在画水平线可从左到右画，画垂直线可从下往上画。

（2）针管笔

针管笔的原理类似于钢笔，墨水注入空心的钢制圆环笔尖，笔头是长约 2 cm 的中空钢制圆环，里面是一条活动细钢针。针管笔的墨水可以迅速干燥，不易晕染，并且出墨均匀。针管笔区别于钢笔，更加轻便，更加符合制图时的人体工程学要求。针管笔的型号在 0.01 ～ 2.0 mm，这里指的是笔尖的宽度，越细的笔，越方便精细作图。正如在素描画中，可以分为黑、白、灰三种调子，在绘画中是靠画笔轻重来区分的，而在制图中就是靠线条的粗细来区分的。所以在购买针管笔时应该选择粗、中、细三种不同规格的针管笔，如 0.1 mm、0.3 mm、0.7 mm。在使用针管笔时尽量与绘图面保持 80° ～ 90° 角，保证运笔力度均匀。针管笔一般是在铅笔底稿已经结束后使用，在使用时注意先上后下、先左后右、先曲后直、先细后粗。使用针管笔时还要注意保养，用完及时盖上笔帽，以免墨水挥发。

2. 纸张

制图纸张的种类有专用制图纸、普通复印纸、拷贝纸、硫酸纸等。

①专业的制图纸纸张厚度一般在 160 g 左右，纸张适用于针管笔、马克笔、中性笔、水彩笔、彩铅、碳笔等。纯木浆的纸，纸粉少。制图标准纸质平滑，质地紧密，感光度较高，不易磨损。一般按照国际标准分为 A1、A2、A3、A4 四种，并分为有框制图专业纸和无框制图专业纸。有框图纸图框的格式是根据国家规定制作的，框中内容包括标题栏和会签栏。如选择无框图纸，则需要根据规范要求自行添加。在学院规制图中，正式的作业和考试制图中，推荐大家还是选择专业的制图纸张。

②拷贝纸适用于设计初描配合初稿绘制时使用，拷贝纸的纸质轻薄透明，适合多层覆盖，区别于硫酸纸，较薄、吸水性较好、表面光滑度较弱。国产的拷贝纸基本是白色，为 A3、A4 规格，进口的拷贝纸有白色、黄色等。18 寸可以裁剪成 A2、A3、A4 的规格，24 寸的可以裁剪成 A1、A2、A3 等规格。

③普通复印纸，是纤维原料，主要有木浆、棉浆和草浆，经济实用，纸均匀度好，表面细腻，是最常见的纸张。可用于绘制设计初稿或者是计算机制图后的输出打印。复印纸规格一般有 A3 和 A4 两种，在超市、文具店、电脑耗材店中都易购买。大型的打印机也有配套的 A0、A2 卷轴纸张，纸张厚度在100 g 或 120 g。

④硫酸纸是由细微植物制成的，主要用于印刷制版业，具有纸质纯净、强度高、透明好、耐高温等特点，区别于拷贝纸，硫酸纸不仅可以用于初描还可以用于输出打印和静电复印。主要有 65 g、75 g、85 g 等质地。

3. 图板

图板的功能是保证画纸的平整，在制图的过程中可以保证工作面平滑，硫酸纸出图及印刷应用减少线型的失误率。所以在准备好笔纸之后，就要准备好专业的绘图板。画板的大小通常要和常用的图纸规格相匹配。在制图过程中，对图幅的尺寸有明确的规定，分别为 A4、A3、A2、A1、A0。与之匹配的画板型号分别为 16K、8K、4K、2K、1K。

随着工业设计的发展，不仅画板的材质会不断优化，功能也在不断发展，画板的附属功能也在不断开发中。目前也可选择画板与尺规工具结合的绘图板，这种绘图板下有 6 个防滑脚垫，摩擦系数很高，放在桌上不会轻易移动。绘图板上配有横尺上下移动并可锁定，绘图板两边的夹纸器能固定纸张不至滑动，并且绘图板刻度上设有针孔，便于精确设定圆规半径，减少了手工制图的误差。

4. 尺规工具

丁字尺、三角板、直尺、比例尺、曲线尺、模板、圆规都是标准的尺规制图工具，设计师相互配合使用，熟悉每种工具的使用方法。

（1）丁字尺、三角板、直尺

一般可以用来画平行线，或者和三角板配合使用，画垂直线。丁字尺由两个长度不等的直尺成 90° 角组成，并且两个直尺不在一个水平线上，方便卡在画板上，保证画图的精确性。丁字尺的长度为 600 mm 到 1200 mm，材质也有多种，如铝材、塑料、有机玻璃、木头。在学院制图中选择 800 mm 塑料丁字尺即可，为方便携带也可选择有折叠功能的丁字尺。

丁字尺与图板配合使用，丁字尺紧靠绘图板的左边缘，上下移动到合适制图的位置，即可做出水平线。

三角板由一个 45° 等腰三角形和 30° 直角三角形组成，两者配合，在制图中可以画有角度的线和直线，两个三角板配合，可以画出 15° 角。丁字尺与三角板配合，丁字尺与图板固定好后，把三角板放在丁字尺上左右移动到合适位置，即可画出垂直线。丁字尺与三角板配合也可绘制出 15°、30°、45°、60° 和 75° 的斜线。

直尺在制图过程中，主要用于长距离的连接、测量、校准作用。

（2）比例尺

比例尺的作用是更加快捷地转换图上距离与实际距离的比例关系，省去人为计算环节，减少出错概率，直接根据尺子上的刻度来制图，也可利用比例尺直接在图纸上测量出实际距离。常用的菱形比例尺有 1：100、1：200、1：300、1：400、1：500、1：600 的比例。

（3）平行尺

平行尺也称推尺，用于快速绘制平行线。轻轻按住并推动推尺，使推尺的滚动轴能匀速稳定滚动，读取滚动距离的刻度，可得知平行线间距，从而可绘制平行直线。

（4）曲线板与曲线尺

曲线板是在绘制半径不同的非圆自由曲线时使用的。曲线尺是内外都是曲线边缘的塑料薄板，曲线形态不一。曲线板的缺点是没有刻度，无法测量曲线的长度，只能是辅助自由曲线条的绘制。所以为了保证制图的准确性，可先将非圆自由曲线的轨迹确定好后，选取板上与其曲线轨道段相符的边缘，用笔沿该段边缘移动，即可绘出。

除了曲线板外，还有一种可自由塑形的柔性曲线尺，又叫蛇尺，塑形功能好，可根据拟画曲线轨迹进行塑形，然后绘制出连贯的自由曲线。

（5）圆规

圆规是用来精确画圆或圆弧的辅助工具，圆规长度没有明确的生产标准。专业制图推荐使用长度在 15～17 cm 左右的圆规，并要有万用转接头，可方便地固定针管笔及其他书写工具，精确绘图。

（6）分规

在一些圆规套装内还配备有分规，分规的主要用途是测距，分规两端都是针尖，用针尖在纸上做记号，可辅助制图。分规用来快速截取等长的线段，量取尺寸，等分线段。分规两腿端部的钢针在规腿合拢时应能重合于一点，以保证尺寸准确。

5. 其他工具

（1）橡皮与擦图片

应选择软硬适中的橡皮，较硬的橡皮容易将图纸擦糙，较软的橡皮适用于擦素描画中的软铅印记，不容易将制图图纸中的线条擦干净。因为制图中的图线距离较近，不容易擦除，所以借助塑料或不锈钢擦图片将需要保留的部分遮盖起来，用橡皮擦除露出的线条即可。

（2）美纹纸、绘图三眼钉

将绘图图纸固定在图板上，保持其不移动非常重要，一般的透明胶条、双面胶等在固定纸张的同时容易将图纸纸面粘坏。美纹纸既可以粘住图纸，撕下来又不容易破坏图纸。绘图三眼钉钉痕较浅，不容易破坏图板。

（3）图纸

图纸主要有制图图纸和描图图纸两种。制图图纸应具有纸面正面平整、均匀，耐擦拭，不会因为使用墨水而洇开等特性。描图图纸应呈半透明性，均匀平展，不易脆断。图纸有不同的大小规格，有单张出售的，也有成卷出售的，绘图者使用时应裁成合适的尺寸，固定在绘图板上再进行制图，不应在大纸上画完再裁。

（4）刀片

制图铅笔应经常削磨，以保证线条宽度一致。图纸要用裁纸刀裁切，不应直接撕；使用墨线绘制的图纸如有错误，可以使用刀片轻轻刮除，但刮过的地方如需再次画线，应注意墨水会洇开。

（5）清扫刷

使用铅笔绘图时，用橡皮擦除等操作会使铅粉和橡皮沫留在纸面上，为避免弄脏图面，应使用干净的扫刷将脏物扫除，不应用手直接擦抹。绘图时也应保持手的干净，尽量不要摩擦到铅笔绘制的图面。

（二）测量工具

测量工具主要是进行场地测量的辅助工具，在环境艺术设计的专业范围内，一般范围大的景观设计场地都是由专业的测量团队来进行场地测绘工作的。而对于小型室内空间，一般由设计师自己携带测量工具来进行现场的测量工作，然后把数据集中起来，绘制场地原始平面图。

1. 卷尺

卷尺一般分为钢卷尺和圆盘卷尺，市面上最普遍的测量工具就是钢卷尺，一般规格有 1 m、2 m、3 m、5 m、7.5 m、10 m，钢卷尺的体积比较小，外观尺寸也就在 8 cm 左右，方便携带。随着工业产品与人体工程学的紧密结合，如今的钢尺使用起来更加人性化，优质的碳素钢尺，韧性更佳不容易折损，还自带自动收缩功能，经久耐用，一般普通户型的室内空间，5 米的钢尺就可以基本完成数据测量。

圆盘卷尺的材料也在不断地更新变化，目前市面上还有布带尺和纤维尺两种类型，主要规格是 20 m、30 m、50 m、100 m。圆盘卷尺的规格较大，通常适用于较大型场地的测量，室外空间测量时使用较多，并且需要两人配合进行测量。还有一种圆盘卷尺有手提手柄，又叫手提式卷尺，有一端锥形的固定头，在进行测量时一端可以固定，以增加测量精确性。另一端是一个手提把手，固定好位置后，直接拉住把手移动，增加测量时的工作效率。手提式卷尺的规格一般有 30 m、50 m、100 m，尺的规格较大，所以一般都配有摇柄，方便收放。

2. 测距仪

测距仪有激光、红外线、超声波等不同种类，超声波测距仪测量的效果受周边环境影响较大，所以稳定性较激光测距仪差。激光测距仪是使用最广泛的，激光测距仪发射出可见的激光经被测量物体反射后数据被测距仪接收，就可得到数值。红外测距仪原理与激光测距仪相似，只是红外线是不可见的。测距仪也多用于室内空间，最小测距范围 0.05 m，最大测距距离可达 100 m，还附带测量面积、体积功能等。在智能时代，测距仪无疑是最便捷的测量工具，解决了室内设计中一些不可触空间测量的难题。

3. APP 电子测量工具

智能时代的到来使 APP 里有许多智能电子测量工具，在未来，电子产品中的测量工具必然会有所发展，测量的精确性也会有所提高，可能会成为未来主流的测量工具。目前 APP 应用内也有了部分较为成熟的应用产品。Measure 英文是测量的意思，在下载中心中查找 Measure，会有几款国外测量的软件，比如 My Measures、CamMeasure Pro、CamMeasure Lite。CamMeasure Lite 就是测量距离和面积的 APP 电子测量应用。

先设定好测量人的身高信息，即确定测量点的高度，再通过相机拍照功能定位测量点间的距离，并保证镜头光轴与设备垂直。测量结果直接显示在相机视图中，在几分钟之内就能完成对整间房屋的大致测量，适合室内空间和室外空间。

国内的测量智能电子测量 APP 也在发展，比如评价最高的迷你测量工具，内有尺子、量角器、手电筒、测量距离、水平仪等功能。这个应用里的尺子的长度仅局限于电子产品的长度，比如用手机打开此应用，尺子长度在11 cm左右，适用于小尺寸的测量。内含的量角器功能也是传统的半圆形量角器，运用范围有限。

这里就推荐一个专门测量角度的APP，Protractor就是一个为木工、泥瓦工和手工业者定制的专业角度测量工具，利用电子产品测量任意两个平面的夹角。Protractor测量角度时有两种测量方法，一种是用电子产品背面感应功能得到夹角角度，另一种测量方法是用电子产品的侧边感应功能得到夹角角度。Protractor的准确性较高，是较好的测量角度的APP。

二、制图规范

为了便于技术交流、按图施工、保质保量，国际以及国内的相关组织制定了一套标准规范。就像中国语言，光汉语就有七大派别，这七大派别中还各有分支。普通话的发音标准就是语言的规范，只有有了规范统一的发音，才能更好地交流。制图规范的作用等同于普通话，国家通过总结归纳，制定出了规范，这些规范是所有设计师进行设计制图的依据，从而可以保证图纸质量，加快绘制效率。

环境艺术制图的工程图纸有专业的编排顺序，首先是图纸目录、总图、建筑图、结构图、给排水图、暖通空调图、电气图等。为了方便制图阅图，现今已归纳出了图幅尺寸、图线的种类以及图例，可以用最简单的线形、符号、图例和数字来表达平面上的空间分割和功能分区，及在立面上的造型结构和材料工艺。在阅读图纸时，要先从总目录看起，先了解图纸类型和总张数，再按目录顺序整体翻阅，最后逐张阅读，先整体后局部，先看文字说明，后看图样说明。

规范的制图图纸能够让甲方更好地理解设计师的设计思想和设计内容，并及时提出修改意见。规范的制图图纸有利于指导施工、编制施工图预算、提前准备材料。一般是从图纸图幅、图线、字体、比例、标高、标注等方面去规范。

（一）图纸图幅

从合理地使用图纸，并便于装订和管理的角度来说，设计师一般会根据所画图形的大小来选择图幅的大小。不仅要保证设计内容可以完整地表达，还要注意画面的整体构图的完整性。图幅的尺寸单位为mm。一般常用的幅面代号有A0、A1、A2、A3、A4五种。从A4到A0，每增加一号图纸，面积增加一倍。

标题栏和会签栏是图纸中用文字表达重要内容的部分，也被称为"图标"。常根据工程的需要选择"图标"的尺寸、格式及分区，通常分为横式和立式两种。如果是涉及国外的工程标题栏，在主要内容下还要有外文注释，在设计单位的左方或是上方，需要加上"中华人民共和国"字样。标题栏中要有设计单位的名称区、注册师签章区、项目经理签章区、工程名称区、图号区、签字区、会签栏。会签栏的尺寸应为 100 mm × 20 mm，内容要有会签人员姓名、专业、日期。当一个会签栏不够用时，还可以再加一个，两个并列在一起，不需要会签栏也可以不设。

（二）图线

图线指的是以任何方式连接起点和终点的一种几何图形，它可以是不连续的也可以是连续的，形状可以是曲线也可以是直线。不同线宽和不同线型的图线都分别代表不同的类型和用途。按照我国的制图标准，制图图线有以下几种常见线型，分别是实线、虚线、单点长画线、折断线、波浪线、点线、样条曲线、云线等线型。

在制图过程中，通常也是利用线的粗细与虚实来突出画面的主次效果的，这会使图纸更有层次感，也更加清晰易读。假设图线的宽度为 b，常从 1.4 mm、1.0 mm、0.7 mm、0.5 mm、0.35 mm、0.25 mm、0.18 mm、0.13 mm 线宽中选取。根据每一张图的不同比例关系和难易程度来选择线宽 b，再依据表格合理推算出线宽的组合（b 代表粗线，07b 代表中粗，0.5b 代表中细，0.25 代表细）。

在同一张图纸中，相同比例的各个图样应选相同的线宽组。比如在房屋建筑室内装饰制图中，通常用 0.5b 的线宽来表示家具线，在绘制所有家具时，都应保持相同的线宽。

图纸的标题栏和图框线的宽度应根据图幅的大小而相应改变，相互平行的图线，其间隙不宜小于 0.7 mm。制图时注意以下的绘制方法。

①对于互相平行的图例线。它的中间间隙或净间隙不用小于 0.2 mm。

②单点长画线、双点长画线或虚线它们的间隔和长度，应该各自相等。

③在绘制较小图形时，其中的双点长画线或单点长画线可以用实线表示。

④双点长画线或单点长画线的两端应该是线，点画线与其他图线交接或点画线与点画线交接时，都应该用线段交接。

⑤虚线与其他图线交接或虚线与虚线交接时，不应该以点交接，当虚线作为实线的延长线时，不能与实线相接。

⑥图线不能和符号、数字以及文字混淆、重叠，当不可避免时，要保证文字清晰。

（三）字体

在制图中，文字、数字和字母是最直观的语言表达方式，可以准确无误地表达尺寸大小、设计说明、施工要求和材料区分。有了文字就要有对字体的要求。如今，很多装饰公司的图纸对于字体有着明确的规定，同时也根据人们审美的变化而发生着变化。但要秉持国家标准规定，图纸上写的数字、符号或文字等，都应该排列整齐、标点符号清楚正确、字体端正、笔画清晰。

1. 汉字

制图中的文字说明和图样通常用黑体字或长仿宋字，同一张图上不能有两种以上的字体种类。长仿宋字的宽和高的比是 3 ∶ 2，黑体字的高和宽相等。对于画册封面、大标题等汉字要求不高，可以使用其他字体，但是要清晰好认。在书写上采用从左往右的书写顺序，字体高度不小于 3.5 mm，常用字高为 3.5 mm、5 mm、7 mm、10 mm、14 mm、20 mm。高度大于 10 mm 的字要用长仿宋字体，想要写更大的字时，字的高度应该以 2 的倍数增长。

2. 字母和数字

说明以及图样中的罗马数字、阿拉伯数字和拉丁字母，应该使用 ROMAN 字体或者单线简体。

罗马数字、阿拉伯数字和拉丁字母的书写为斜体时，倾斜角与水平线成 75°。字体的高度不应小于 25 mm。书写注释时，数量的数值应该使用正体阿拉伯数字。计量单位前有量值的，应该使用正体字母。比例数、百分数以及分数的注写，应该使用数学符号与阿拉伯数字。例如，二比十五可写成 2 ∶ 15，百分之十三应写成 13%，五分之三应写成 3/5。

（四）比例

图样的比例是为了让制图者更准确地把图形实际尺寸记录下来，让看图者可以迅速知道图形与实物相对应的线型尺寸的比。

如一个实物是直径为 20 mm 的圆形，在画纸上也画一个直径为 20 mm 的圆形图形，这时比例为 1 ∶ 1，因为实物与图形的尺寸一致。当在画纸上绘制一个直径为 40 mm 的圆形图形时，其比实物放大一倍时，比例为 2 ∶ 1。当画纸上的圆直径为 10 mm 时，图形比实物小一半，比例为 1 ∶ 2。在建筑房屋制图标准中，大多数情况是实物大于图纸几倍。绘制此类图纸时，常用的比例有 1 ∶ 50、1 ∶ 75、1 ∶ 100、1 ∶ 200 等，在总平面布置图时，因为表达的范围较大，图形大小要比实物小，所以一般是 1 ∶ 200、1 ∶ 100。

比例尺在图上的表示方法有三种：文字式比例尺、线段式比例尺以及数字式比例尺。文字式比例尺指的是在图上直接用文字写出 1 厘米表示实际距离多少米，如"图上距离 1 厘米相当于实际距离 1000 厘米"；线段式比例尺指的是在图上画出一条线段，并标明它表示图上 1 厘米代表实际距离 5 米；数字式比例尺指的是用数字的分数式或比例式表示比例尺大小，如图上 1 厘米表示实际距离 500 厘米，可以写成"1：500"。

（五）标注样式

尺寸标注要求准确、完整、清晰、合理，并要求标注上所标明的数值为实际尺寸，和比例尺大小无关。每一个尺寸只标注一次，不需要重复标注。标注数字默认单位为毫米（mm）。图样尺寸标注分为四部分：尺寸数字、起止符号、尺寸线以及尺寸界限。尺寸数字要求写在尺寸线的中线上方或者尺寸线的中断处。起止符号一般采用成 45° 角的短线表示，短线长度在 2 ～ 3 mm 左右，当标注距离不够时，可用实心圆点表示。尺寸线必须单独用细实线画出来，不可和墙体线混在一起。

1. 尺寸的标注

垂直尺寸的标注：垂直标注也叫线型标注，用来标注垂直位置和各种不同角度的线型，尺寸数字由下而上写在尺寸线的中线上方或中线断裂处。但是垂直线倾斜 30° 范围内的尺寸数字容易写倒，所以可以水平书写或者引出标注数字。

小尺寸的标注：当标注尺寸数字注写的位置不够时，可以写在引出线上方。

2. 角度的标注

注写角度时，尺寸线是圆弧线，起止符号只可以用箭头表示。角度度数无论在任何角度都要按水平方向书写，小角度可以引出写。当箭头没有足够位置画出时，箭头可以用小圆点代替。度数一般写在圆弧的断开线上。

3. 圆的标注

在标注圆弧或圆的半径时，半径的标注线一端从圆心出发，另一端的箭头指向圆弧，在直径数字前加注直径符号"R"。当遇到较小圆弧半径标注时。圆和大于圆的尺寸要用直径标注，在直径数字前加注直径符号"∅"。指向圆弧线的尺寸线起止符号用箭头，尺寸线的方向通过圆心，两端箭头指向圆弧。若圆的值比较小，可以把直径数字尺寸标注在圆外。在标注球半径时，要加上

"SR"，标注球的直径"S ∅"。

4. 标高

标高符号都是用等腰直角三角形来表示的，绘制时要用细实线，被注高度的位置用标高三角形的尖端进行指向，尖端方向标注位置可以上下变化。标高可分为相对标高和绝对标高。相对标高就是把零点的标高位置写成"±0.000"，低于该点位时加上负号，高于此位置，不需要加正号。

相对标高需要标注到小数点后三位，它的单位是米。总平面图的标高只需标注到小数点后两位。

我国绝对标高的零点是黄海的平均海平面，其他地方以此为基准。绝对标高指的是任何一地相对于黄海平均海平面的高差。这是我国的绝对标高。而相对标高的使用规则是国际化的。

5. 定位轴线

定位轴线的作用是确定主要结构的位置线，如确定建筑的柱距或开间、跨度或进深的线称为定位轴线。定位轴线的画法如下。

①定位轴线要用细实线绘制，圆圈的直径是 8 mm，在用作详图时直径是 10 mm。

②轴线的编号应标注在平面图下方和左侧。

③定位轴有水平方向和垂直方向。平面定位轴线号水平方向是用阿拉伯数字，从左向右排列的；垂直方向是用大写的英文字母，由下至上排列的，其中不用字母 I、O、Z，避免与 1、0、2 混淆。

④对于一些次要的局部承重构件和非承重构件，它的定位轴线通常被当作附加轴线。绘制定位轴线时要用单点长画线，定位轴线的编号应该写在轴线端部的圆内。这个圆要用细实线绘制，直径在 8 ~ 10 mm。定位轴线圆的圆心应该在定位轴线的延长线的折线上或延长线上。附加定位轴线也用于次要的承重构件处。

（六）图标汇签

图标又称标题栏，简要地说明了图纸的内容，它包括工程项目名称、设计单位名称、审核者、设计者、比例、日期和图纸编号等内容。查阅某张图纸时，可以先从图纸目录中查找到图纸的工程编号，根据编号就可以顺利找到该图纸。所以图纸的标题栏常设于右下侧的位置，以便于翻找。

1. 标题栏

各栏目说明如下。

① "工程名称"指的是工程的名字，如"某某小区三期工程"。

② "项目"指的是工程中某个施工的部分，如"某某出口展示区工程"。

③ "图名"指的是某张图纸的主要内容，如"某某墙平面立面图"。

④ "设计号"指的是公司对工程的编号，以数字、字母为主，以便于查找。

⑤ "图别"表明本图所属的工种和设计阶段，如"扩初图"或"施工图"。

⑥ "图号"表明本图纸在本图册中的编号，以数字、字母为主，以便于查找。

⑦ "审定""审核""设计""制图"为对应的人员签名。

2. 汇签栏

汇签栏是各负责人签字的表格。许多设计单位会根据习惯设计好标准化图纸，减少制图的工作量，也可根据实际情况简化图框表格，主要设计原则是便于翻阅查找，内容清晰明了。在绘制图框、标题栏和会签栏时，还要考虑线条的宽度等级。一般图框线、标题栏外框线、标题栏和会签栏分格线应分别采用粗实线、中粗线和细实线。

三、制图符号

熟练掌握制图的相关符号语言，能读懂符号所陈述的语言以及方向信息，并可以在制图中运用这些符号来表达。制图符号是一种简洁的表达语言。制图符号就代表某种"约定"，通过制图规范把这种"约定"统一，就明确了符号与对象的关联。

制图符号不仅是简洁语言的表达，同时还具有指向性。例如，剖面图的剖切符号由剖切位置线及剖视方向线组成。这时的符号不仅是在表达这里有剖切结构，还在指明剖切方向和具体位置。一个简单的符号线型就省略掉了各种复杂的文字表达，制图者更加便捷，读图者也更易理解。

制图符号包括：剖切符号、断面符号、索引符号、详图符号、引出线、对称符号等，都是设计制图的重要组成部分。

（一）剖切符号

剖切符号是对空间或者物体进行剖切，为了展示内部结构构造的剖面图，制图者通过剖面图形象地表达设计思路和内部结构，读图者更直观地了解到工程的内部结构和材料。那么，如何定位剖切方向与剖切位置，这是由剖切符号来表达的。剖视方向线和剖切位置线组成了剖切符号，剖切符号的绘制需要用粗实线。剖切符号的画法如下。

①剖切方向线应该与剖切位置线互相垂直，剖切位置线的长度应该在6～10 mm，剖切方向线的长度要比剖切位置线短，在4～6 mm。除了上述画法外，还可以用常用的剖切方法以及国际统一的剖切方法。在绘制时，剖切符号不能和其他图线相接触。

②要用粗阿拉伯数字书写剖视剖切符号的编号，编号顺序要按照剖切由下到上、由左到右的顺序连续编排，并且编号要注写在剖视方向线端部。

③在剖切位置线转折的转角外侧需要加注与该符号相同的编号。

④剖切符号应该标注在首层平面图或标高的平面图上。

（二）断面符号

断面符号是表示断面图的一种符号。断面图是将某空间或物体切开，只表现断开面的内部结构。

绘制断面剖切符号时要用粗实线绘制，且它只能用剖切位置线表示，它的长度应该在6～10 mm，要用阿拉伯数字表示断面剖切符号的编号，且应按顺序进行连续编排，注写时，应该注写在剖切位置线的一侧，且编号所在的一侧为剖视方向。

（三）索引符号

在环境设计制图中，有些局部的结构需要详细说明的，需要配详图。并且需要对详图的位置进行索引。索引是通过索引符号完成的，索引符号通常是由水平直径与直径为8～10 mm的圆组成的，绘制时用细实线绘制圆的水平直径。索引符号的编写方法如下。

①若索引出的详图和被索引的详图在同一张纸内，则应该用阿拉伯数字在索引符号的上半圆中注明该详图的编号，并且用细实线在下半圆中间画一段水平线。

②若索引出的详图和被索引的详图不在同一张纸内，应该用阿拉伯数字在索引符号的上半圆中注明该详图编号，用阿拉伯字母在索引符号的下半圆中注明该详图的编号，并且用阿拉伯数字在索引符号的下半圆注明图纸所在的编号。

③如果用标准图作索引出的详图，应该在索引符号水平直径的延长线上加注该标准图集的编号。如要标注比例，文字需要与符号对齐，并且处在索引符号延长线下方或右侧。

④索引符号用于索引剖视详图时，应该用引出线引出索引符号，并在被剖视的部分绘制剖切位置线，剖视方向应该是引出线所在的一侧。

（四）详图符号

详图符号的作用是标注详图的编号和位置，应使用粗实线绘制详图符号的圆，且其直径为 14 mm。详图符号的编写方法如下。

①若被索引的图样和详图在同一张纸内，应用阿拉伯数字在详图符号内注明详图编号。

②若被索引的图样和详图不在同一张纸内，应在详图符号内用细实线画一条水平直径，在下半圆中标注被索引的图纸编号，在上半圆中标注详图编号。

（五）引出线

引出线是指在制图过程中，为了标注文字说明而单独绘制的线型。应该用细实线绘制引出线，绘制引出线时。一般用与水平方向成 30°、45°、60°、90° 的直线、水平方向的直线或经过 30°、45°、60°、90° 再折为水平线的直线。引出线的绘制方法如下。

①引出线上的文字说明一般写在水平线的上方，可以写在水平线端部。相同部分的且同时引出的引出线，最好是互相平行或者是集中于一点的放射线。

②多层构造的引出线，应该用圆点示意对应的各层。文字说明顺序由上至下，并对应每一层。

四、计算机辅助制图

自 1946 年第一台计算机在美国问世后，人类就步入了计算机时代，计算机制图区别于手工制图，其优点是更加快捷、更加统一、更加精确。手工制图中，如果面临重复部分的绘制，必须再重复制图一次，而在计算机制图中，只需要复制粘贴即可，更加快捷。在手工制图中，每个人的用笔习惯和线条风格都各不相同，而用计算机制图后，只要在计算机制图时设置好规范的线型和粗细，出图后的图纸就是高度统一的。

计算机制图通过制图软件来实现，AutoCAD 就是专业的二维绘图和基本三维设计软件，是国际上广为流行的绘图工具。与传统的学院尺规制图相比，AutoCAD 绘图有精度高、速度快且便于展示个性的优点。AutoCAD 已经在轻纺、机械、造船、美工、电子、航天、化工、建筑等诸多领域有了广泛应用，并且有着显著的效果和良好的经济效益。AutoCAD 有着良好的用户界面，用命令行方式或交互菜单可以进行多种操作。多文档的设计环境使得非专业人员也可以快速学会使用。可通过各种实践掌握 AutoCAD 的应用与开发技巧，提高工作效率。在环境艺术设计专业中，AutoCAD 主要用于绘制施工图，使用 AutoCAD 绘制施工图纸时同样要遵循制图规范和准则，并可基本按照学院尺规制图的逻辑来进行绘制，与学院尺规制图最大的逻辑区别就是比例尺的问题，在学院尺规制图中，第一步是选择图幅的大小，然后对应图幅的大小确定图形绘制的比例，如使用 1 ∶ 100 的比例尺，那就要在尺规制图之前要把实际距离与图上距离进行换算，实际距离是 1000 mm，那么在纸上只需要绘制 10 mm 即可。但在使用 AutoCAD 绘制时，可不需要这一转换步骤，直接绘制出实际距离即可。在整个图纸绘制结束后，输出打印图纸时，去设置比例尺即可。

CoreIDRAW 是主要用于绘制彩色矢量图形的专业设计软件，是加拿大 Core 公司开发的设计软件。CoreIDRAW 可以进行图像编辑、图形设计、图像抓取、动画制作等内容。CoreIDRAW 同样可以绘制图纸，也可以设置比例尺。但在绘制图纸的逻辑上与 AutoCAD 差异较大，CoreIDRAW 编辑图纸时可以直接填充颜色，或用颜色来做空间上的区分，并且图纸的质感较好，输出像素清晰度高，其也是计算机制图常用的绘图工具。

SketchUp 是一个界面设计与 AutoCAD 的界面设置比较相似的设计软件，掌握了 AutoCAD 的使用方法后，一般都会使用 SketchUp。此款软件是专门为设计师研发的，让设计师在设计过程中更加注重设计的精确性。在 SketchUp 里创建一个图纸，以编辑图形文件的方式来进行制图，绘图逻辑区别于 AutoCAD，但 SketchUp 功能强大，可以计算面积，可以显示投影，还可以直接建模成为三维模型。

（一）计算机制图的特点

①当下计算机制图是施工图绘制的主要方式，其方便复制的能力可使绘图员繁重的重复劳动工作得以减轻。

②计算机制图生成的矢量数据图更加准确，并能更快捷地执行尺寸角度标注、求算面积等命令，并可以随时核查、修改，远程网络传输管理便捷。

③计算机使方案快速数据化，与多种三维模型工具互通使用，大大提高了从设计到表达的转化效率，呈现出了更加逼真的效果，也使设计的深化推进大大加速了。

④一些针对不同专业类别的绘图软件中预先设计了众多模块，可以方便地插入成品设施，这大大提高了绘图效率，减少了一些简单错误的出现，提高了设计制图表达的专业性。

（二）计算机制图规则标准与注意事项

计算机制图软件主要分为两类：平面设计制图软件、立体设计制图软件。平面设计制图软件一般有 Adobe Photoshop、CoreIDRAW、AutoCAD 等，立体设计制图软件一般有 UG、TYPE3、3DMax 等。

在绘图工作中，《CAD 工程制图规则》（GB/T18229—2000）规定了计算机绘图中工程图样的基本规则，这些规则适用于机械、电气、建筑等工程领域。

CAD 软件绘制工程图时使用的图线应遵照《技术制图图线》（GB/T17450—1998）中的有关规定。为满足 CAD 制图需要，即便于计算机信息的交换，实践中可将《技术制图图线》中所规定的 8 种线型分为五组。屏幕上显示图线时，一般应按照图层对所绘制的内容进行按类分层，对使用的图线颜色应按照相同颜色、相同线宽进行设置，以方便打印，而非按照实际生活中的颜色设置。线型、线宽和颜色的设定应根据图面和打印要求统一设定。

在计算机制图中，经常存在着从不同文件引入成型模块的快捷做法，应注意对模块图层、线型、颜色、名称的整理，然后再进行引入，否则随着引入文件的增加，将会带来众多图层、图块信息，会对绘制的文件造成干扰。

计算机制图可以方便快捷地进行复制，但要注意施工图绘制也是一种具有创造性的设计工作，要不断主动地进行创新性的思考，将材料、工艺的特征与新技术的运用结合到对设计的深化与表达上，不能一味地复制、模仿以前施工图中固有的工艺设计、材料使用，而降低了设计的灵活性与发展的可能性。

第二节　环境艺术设计的表现手法

一、手绘表现图概述

环境艺术设计表现图通过绘画的方式形象且直观地把设计师的构思和设计效果表达出来，它是环境艺术设计中整体工程图纸中的一种。效果图画面表现的质感、造型、空间、尺度、色彩都应该精细准确，要能够有效地、科学地表达设计师的意图，并且可以通过适当的艺术表现手法来进行渲染和烘托，增加它的艺术感染力，但是不管运用怎样的表现形式和手法，都不能脱离设计意图，其表现风格也要符合社会审美的共性。这也是环境艺术设计表现图与其他艺术类绘画形式的本质区别。它本身就具有艺术性和科学性。表现性绘图不仅表现了环境艺术设计意图的各类效果，也向业主展示了设计方案，它具体包括单一的立面图、平面图以及综合表现的透视图，平面图和立面图是二维性表现，透视图是三维性表现。

（一）平面、立面的表现

完整的环境艺术设计方案包括立面图、平面图、透视图、材料样板、设计说明、工程概算等，为了增强说服力、保证方案的全面，还会配有一些展现平面与立体的彩色图进行互补。它可以使透视图更有说服力和渗透力。平面图与立面图是设计师与业主沟通和展示设计方案的重要方式。在开始设计方案时，都是从平面图开始构思的，好的设计需要从好的空间平面布局开始。绘制平面图时，图的尺寸和比例要适中，线条粗细要合理、内容比例要适中、空间结构要合理、线条疏密要恰当，并把美感展现出来。在设计方案中，立面图是平面图的延伸，它展现了设计的空间和环境，立面图中应用最广的是空间设计方面。在设计中通常是平面和立面交叉使用的，二者相互协调、相互配合，能更好地展现设计效果。

平面图和立面图的表现可以反映人员流线、平面布局、功能设置、立面造型设计、尺度、材料等，它首先需要依据严格的制图原理，进行线条的合理利用，然后才是运用不同的工具、不同的手法进行图面气氛的渲染和艺术效果的增强。平面图和立面图表现的具体方法主要有以下几点。

①首先用铅笔、尺子等工具在平面图或立面图上进行基础的绘制，然后用针管笔或钢笔进行勾线，最后用马克笔或彩铅笔进行上色。

②可以在硫酸纸上直接画图，然后用马克笔或彩铅笔进行上色。还可以复印硫酸纸上的图，然后对复印纸上色。

③可以运用计算机软件 AutoCAD 绘图，然后将硫酸纸覆盖在计算机绘制的图上，用针管笔或钢笔进行描图，再用马克笔或彩铅笔进行上色。对于单一的平面图或立面图，不应进行过多的刻画和渲染，否则会失去设计的目的和功能，喧宾夺主。环境艺术设计人员在进行平面图、立体图绘制时，不要只满足于上述几种方法，还要锻炼自己的基本功，学习掌握多种技法。

（二）透视效果图的表现

在确定平面、立面设计及表现形式后，就需要投入大量的精力进行各个环节、空间、内容的综合性透视表现图的绘制了。

三维的透视图在方案的表现中具有重要的作用，它将三维的空间形体通过二维画面的绘制技术展现了出来。它包含了高度概括的绘画技巧与精准的透视制图，综合体现了设计意图。三维透视图具有直观的表现力，更易被业主接受。它的图解性便于分析，体现了形象化。因此，透视效果图有什么样的内容，怎样表现，什么样的空间值得重点表现等，都是设计师需要思考的问题。透视效果图表现时需要思考以下几个方面的内容。

①依据空间要求，进行最佳透视类与透视角度的选择。

②进行完美构图形式的确定，突出显示视觉表现中心。

③艺术表现手法和形式需要选择容易体现渲染设计的表现手法。

④依据空间的特殊需求来决定最好的色调。

（三）效果图表现的程序

效果图在绘制过程中应当掌握一定的程序，对绘制程序的正确掌握有利于提高表现技法。

①收拾绘图环境，良好的绘图环境有利于培养绘画情绪，在适合的位置准备好齐全的工具，便于绘图。

②对平面、立面图的设计要进行充分的思考。如设计的要求、业主的喜好、材料的选择、经济因素等。

③表达内容不同，透视角度与方法也不相同，要选择最能体现设计师意图的透视角度与方法。

④用透明度好的纸或者描图纸复制绘图的底稿，精准的绘制一切物体的轮廓线。依据使用空间的特点和功能，决定最适合的绘画技法，或者根据交稿时间来选择精细还是快速的技法。

⑤绘画顺序要先整体后局部，并注意素描关系的合理、整体用色的准确，整体与局部要做到收放自如。

⑥依据透视图的底稿校正所绘制的图，特别是水粉画容易破坏轮廓线，完成前需要校正。绘制完后要根据效果图的色彩和风格确定装裱手法。

二、表现基础

（一）造型基础

素描是学习绘制环境艺术设计表现图的基础课程，它是所有造型艺术的基础。在绘画艺术的创作和习作中，绘制素描有多种表现形式的工具。素描是由单色块面与线条塑造物体的过程。教学中它与速写相比，绘制时间较长、表现力较强。

设计师的素描练习与绘画艺术的素描不同。设计素描指的是在设计中直接发挥有效作用的素描。它的侧重点在于理解形体的空间结构，准确把握形体，准确表达材质。设计素描的训练是一种理性的方法，它是通过对线面的运用，对形体进行概括所反映的造型能力。设计素描的训练是一种以快为主、快慢结合的方式，它注重线描的速写。和透视制图结合的结构素描更适合环境艺术设计表现专业。设计素描解决了三个方面的问题。

①质感，对于不同材质的表现能力。

②造型，掌握整体与局部的比例，准确地把握形，对于对象的体面关系能够准确地、概括地表现出来。

③结构，通过线条解决形体各部分间的前后层次以及各部分间的可见与不见，最终表达各部分之间相互的结构关系。

（二）色彩基础

人们最容易感受到美感的形式之一是色彩。色彩的搭配和处理对于一个环境艺术设计作品的好坏有着重要的作用。观察一张图时，首先注意的就是颜色，所以对于绘图者来说，提高色彩的修养是十分重要的。

1. 色彩的感觉

（1）冷暖感

有的色彩使人感到温暖（暖色），而有的色彩则使人感到寒冷（冷色），这是由色相产生的联想，如红色使人想到火，而蓝色则使人想到寒冷的冰川和海洋等。

（2）轻重感

色彩的轻重感主要取决于明度，明度高的感觉轻，如白色、淡黄、粉绿等；明度低的则感觉重，如黑色、咖啡色等。在设计表现图中合理地运用色彩的轻重感，可以使画面变得平衡和稳定。

（3）体量感

从体量感的角度来看，色彩包含收缩色与膨胀色两种。一样的面积不一样的色彩，有的看起来大有的则显得小。彩度高、明度高的色彩看起来面积膨胀，反之则看起来面积缩小。

（4）距离感

在同样的距离看色彩时，有的看起来比实际距离近些（前进色），而有的看起来则比实际距离远些（后退色）。色相对色彩的进退、伸缩影响最大，暖色是前进色，冷色是后退色。再者是彩度与明度，彩度高的是前进色，彩度低的是后退色；明亮色是前进色，暗色是后退色。

2. 色彩训练的几种方法

（1）静物写生

写生是色彩训练最直接的方法，对照实物观察、分析该物体在特定的光照环境中所呈现的各种色彩的构成与搭配，如固有色、光源色、环境色和空间色等。从概念上探讨物体色彩冷暖变化的规律，表现出物体的质感和材料特征，并从中获得画面局部色彩与整体色调对比、统一的控制能力。

（2）室内外场景写生

室内写生：从静物过渡到室内环境，要特别注意空间尺度和比例透视的变化，分析光源对室内空间界面及家具陈设的光影效果，在明暗与色彩的关系方面要有主次、虚实之分。整体的色调与气氛是室内写生的内在，局部的色彩变化都要符合整体的大环境。

室外写生：空间开阔、景色复杂、色彩丰富、光线多变。要求我们善于概括取舍、移景添物，处理好情与景的关系，处理好空间与层次的关系。

（3）临摹

临摹一些优秀的摄影作品以及绘画作品，可以从中得到启示，这种方法不是一味地照搬，而同时还要进行思考分析。

（4）记忆默写和归纳整理

记忆默写是在没有参照物的情况下，根据已经掌握的色彩配方，将看过的画面和场景再现出来。它是色彩训练中最有效果的方法。它可以检验对色彩关系理解的程度，有利于对已掌握的色彩知识进行巩固，有利于发现写生中的问题。

归纳整理是对色彩进行高度概括的一种训练方法，可以从众多的默写、临摹、写生等作品中选择几组有代表性的再行创作。它对于练习透视效果图有着显著的效果。

三、手绘表现的基本工具及材料

在环境艺术设计手绘表现中需必备一些工具和材料，如画笔、纸张等。不同的表现方式选择相应不同类型的画笔和纸张。另外，为了保证绘图的准确性，常配合使用一些精确绘图仪器如直尺，曲线板等。下面介绍些常用的工具及材料。

（一）工具类

1. 画笔

对于笔的选择，硬笔的讲究不多，一般是质量好坏与新旧的问题。软笔的选择则有很多讲究。要根据画法的风格和种类进行选择。一般来说，羊毫制成的笔适用于不露笔痕的细腻技法和渲染，因为它的蓄水量大、柔韧性好，如水彩笔和白云笔。狼毫或猪鬃制成的笔适用于笔触感强的粗犷技法，因为它弹性好、硬挺，如油画笔和鬃毛板刷。水粉笔在二者之间。衣纹笔、叶筋笔等专门用于勾线。

常用的画笔工具有钢笔、彩色铅笔、铅笔、水彩笔化妆笔、水粉笔、底纹笔、毛笔、喷笔、板刷（鬃毛、羊毛）、针管笔、马克笔。

2. 精确绘图的仪器

为了保证绘图的准确性，减少误差，另外需要配合使用一些精确绘图的仪器，使整个画面的底线显得干净利索。常用的有界尺、直尺、曲线板、圆规等。

3. 其他工具

其他工具有美工刀、调色板（盘）、笔洗等。

其中常用的针管笔品牌有施德楼的一次性针管笔、EDDING一次性针管笔、红环针管笔、樱花针管笔。

马克笔分水性、油性两种，油性在很多方面是优于水性的（价格除外），色彩细腻，颜色鲜亮，用甲苯稀释，有油性渗透力，有融合笔触的能力。油性笔对纸张要求特殊——要厚或者不吸水的，如硫酸纸。如果只是练习，水性还是实惠的。可以以水性为主、油性为辅，在油性的选择上，可以买些水性笔里面没有的颜色做补充。因为马克笔价位比较高（油性大概每支在9～12元不等，水性每支在6～7元），颜色种类多，如何选择是最令初学者头痛的事。马克笔的选择要注意以下几点。

①以灰色系为主，根据自己需要选择几种较艳的即可。环境艺术设计需要注重整个空间的和谐统一，在小物体上可以选择稍微鲜艳一点的颜色。颜色的选择要注意色感，不要选得过"艳"。否则上色后画面看上去太"跳"。

②选择一些常用的颜色。根据绘画题材的需要，比如室内的木色系、咖啡色系，还有织物的颜色及盆景；室外的蓝天、树木、水等。对于初学者大概需要20～30支。

③选择一些好的品牌，其笔触色彩出众。常用的品牌有：美辉的水性马克

笔，其是最普通的马克笔，初学易上手。一般来说油性马克笔，以美国的三福 Sanford、Prismacolor 和韩国的 touch 比较好，touch 性价比较高。

（二）材料类

1. 纸张类

纸有很多种类，从表现的角度上看，在于纸的吸水性。吸水性弱的，画面感觉对比强烈，色彩鲜亮明丽；吸水性越强的，画面感觉愈虚幻、潇洒、飘逸。要根据需求做适合的选取。常用的纸类有色卡纸、水彩纸、宣纸、素描纸、绘图纸、硫酸纸。

2. 颜料与辅助材料

常用的着色颜料有水粉颜料、水彩颜料、透明水色、色粉等。

常用于固定纸张的辅助材料有胶水、双面胶、不干胶。另外，为了增加高光，可以运用涂改液进行修饰。

四、手绘表现的主要技法类型及特点

（一）水粉表现技法

水粉表现技法具有表现力强、覆盖性强、色彩饱和浑厚、不透明、易于修改的特点。用白色调节颜色的深浅，用色的薄、湿、厚、干等产生不同的艺术效果，它适用于多种空间环境的表现，能够很精细地表现出空间的结构、气氛以及材料的质感和光感。用水粉色绘制效果图时，有较强的绘画技巧性，因为色彩干湿的变化大，干时的明度高、颜色浅；湿时的明度低，颜色深，若掌握不好，则容易产生"生""粉""怯"的毛病。对暗部和重色进行表现时，要少用白粉，以避免画面"粉"气太重。

（二）马克笔表现技法

马克笔的特点是使用简便、作画快捷、色彩变化丰富、表现力强等，很受建筑师和室内设计师的喜爱，马克笔类似于草图和速写的画法。马克笔可以独立使用，画出生动、豪放、具有独特风格的表现画，但当前的马克笔画法并不是单纯地使用马克笔一种工具，它基本上是一种综合技法。与透明水色和钢笔线描等合用，因为在大面积着色方面，马克笔不像透明水色和水彩一般既均匀又节省时间。

水性色彩淡雅，容易和其他技法合用，应用范围广。马克笔色彩透明，主

要通过粗细线条的排列和叠加来表现内容，不易修改，着色过程需注意着色顺序，一般是先浅后深的丰富的色彩变化效果，因为马克笔的笔头是毡制的，有着独特的笔触效果，绘图时要尽量利用这一特点。

马克笔在不同质地的纸上会有不同的效果。在不吸水的光面纸上，色彩互相渗透，五彩斑斓，在吸水的毛面纸上，色彩洇渗，沉稳低调，可以根据不同需求选用。

马克笔色彩透明，重叠上色，会变深，如果多层重叠色将会变得不透明且脏。一般快速表现时，均以钢笔或针管笔勾勒好空间场景，然后用马克笔上色。由于马克笔不易修改，上色过程需注意着色顺序，一般是先浅后深。要均匀地涂出成片的色块，运笔要快速、均匀。可用胶片等物作局部遮挡，画出清晰的边线，可用无色马克笔作退晕处理，画出色彩渐变的效果，也可用橡皮、擦刀片刮，做出各种特殊效果。

（三）彩色铅笔表现技法

彩色铅笔是快速表现技法中最方便、最简易、最好掌握的一种技法。运用范围广，效果好，在环境艺术设计中越来越受到设计师的重视，尤其是在方案草图阶段，它所发挥的作用是其他工具所不能替代的。彩色铅笔表现图的色彩层次细腻，容易表现丰富的空间轮廓，色块常用密排的彩色铅笔线画出，利用色块的重叠可以产生出更多的色彩，也可以笔的侧锋在纸面平涂。彩色铅笔快速表现图用简单的几种颜色以及洒脱、轻松的线条即可说明设计中的用材、色调与空间形态。

目前市场上可以买到的彩色铅笔为普通和水溶性两种，在购买时，24色的彩色铅笔已基本能够满足需要，它可以独立成幅，也可以与其他工具，如钢笔、透明水色、水粉、马克笔等工具结合使用，是综合性的表现工具。彩色铅笔可以表现出不同层次、不同颜色的线条，能很好地增加画面层次和空间。尤其是对于一些细部的表现，如各种材料肌理、倒影、灯光均有特殊效果。在绘图过程中，彩色铅笔的表现程序是：先用钢笔或铅笔起稿，定好空间轮廓，根据设计的意图，用不同颜色的彩色铅笔画出松散而有规律的线条，有主次地画出基调，掌握好空间中从整体到局部的明暗关系，冷暖关系，在着色时最重要的是对物体固有色的表现，然后才是质感的刻画。

（四）马克笔与彩铅结合表现技法

马克笔与彩铅结合表现技法的特点是，既有马克笔上色均匀、速度快的优点，又具有彩铅细腻、柔和的调和效果，使画面更加丰富，表现更深入。其表现步骤如下。

第一步：准备线稿，适当在图中勾出纹理及阴影。

第二步：从颜色较深的部位或阴影部位着手上色。

第三步：上中间色及浅色，考虑整体的和谐。

第四步：细部的点缀及上色，注意家具、织物的纹理特点。

（五）喷绘表现技法

喷绘表现主要流行于 20 世纪 90 年代中期计算机辅助设计广泛应用以前，细腻、丰富，真实感强，变化微妙，具有独特的表现力和现代感，在商业竞争中容易被业主接受，具有很强的优势。但同时喷绘表现面积过多，掌握不好容易给人造成商业气息过浓、缺乏艺术性的印象。

（六）钢笔淡彩表现技法

钢笔淡彩是快速表现中的最常用的表现技法之一，钢笔淡彩是以钢笔为主、颜色为辅的一种效果图的表现技法。钢笔淡彩既利用了钢笔线流畅、疏密有致的造型特点，又发挥了水彩透明、简洁、明快的色彩效果，两者相得益彰。在表现时先用钢笔线画出空间的结构与形态，再利用线的排列，有疏有密，有强有弱地表现出建筑、室内的层次感和空间感。钢笔淡彩技法适用于空间结构较复杂、面的转折较多的空间和形体。这种技法步骤性强，绘画技巧较弱，容易掌握，初学者可从这一技法学起。以下是其表现步骤。

第一步：准备线稿，用线要求干净利索，注意透视的准确性，细部的勾勒。

第二步：从大体着眼，考虑光的照射方向，阴影暗部的位置，大致地涂刷些颜色，找感觉，注意用色的和谐统一。

第三步：慢慢地加深颜色，注意明暗对比，添加倒影。

第四部：小部件或细部的上色处理，从整体颜色考虑，适当添加冷暖色的点缀。

（七）透明水色表现技法

透明水色具有色彩鲜艳明快的特点，较之于水彩更为清丽，对空间造型结构轮廓的表达更清晰，适用于快速表现技法。它可以在短时间内通过简便的工具和手法，实现最好的效果。透明水色也有色彩过浓时不宜修改以及调色时叠加渲染次数不宜过多的缺点，所以常与其他技法混用，如钢笔淡彩法。

（八）综合技法表现步骤

①首先把画好的线稿扫描到电脑上，用 Photoshop 打开，通过选择工具把线条单独选出来，创建成独立的层，以便后面上色时对选区进行控制。

②把大的空间色调用几个色块定下来，在 Photoshop 中主要运用喷笔和选择工具来完成。

③运用不同的笔触来表现材质和景观环境，同时要注意色彩中的强弱和冷暖对比。

④调整空间的色调，但要注意对比或者跳跃的色块在整个画面中所占的比例，要将其严格控制在一个相对小的范围内，否则会使画面色彩凌乱。最后对画面整体进行调整，同时对植物、阴影等部分做进一步修饰完善工作。

五、手绘表现中光影的表现

通常我们所处的空间都不是独立存在的，总是处于某个时间、某个特殊的环境状态下，因而必然会受到周围环境的影响。手绘表现重要的是画关系，明暗关系、冷暖关系、虚实关系，这些才是画面的灵魂，关系没画准，只能说是一堆颜色的堆砌。在设计表达的过程中，需要注意光的投射方向，整体要统一方向，绘制出正确的阴影位置，选择合适的阴影色彩。另外，从整个画面中的物体材质考虑，根据光线的不同，适当的留白或是用涂改液绘制出高光，以起到画龙点睛的作用。

六、手绘表现中不同材质的表现

环境艺术手绘表现图同其他的艺术门类一样，需要有很坚实的造型基础和专门技巧做支撑。要画一张好的表现图，除了需要做好前面提到的一些透视、造型的基础工作以外，还必须掌握的就是对画面的整体把握以及材质的表现。只有理解和掌握了这些知识，设计师才能通过画面准确地将空间的层次、排列次序、对比和统一用近乎绘画的语言传递给观者。这些技术手段将直接左右着手绘的表达，所以设计师必须去掌握，并能熟练地自觉运用和实践。

（一）石材的表现技法

在环境艺术设计上，古今中外都有大量地使用石材的设计案例，设计图中的石材表现方法是设计师不能忽视的，其既要表现出石材的坚硬质感又要有针对性地反映材质的种类和特点。石材大致可分为硬石材和软石材两种。硬石材以花岗岩为代表，质地坚硬，密度较大，多呈斑点状；软质石材以大理石为代表，质地较为松软，一般不做地面，大理石的纹理变化丰富，多为云状，因此国外也称为云石。掌握石材的品种和规律是表现的首要条件。画亮面石材时一定要考虑光线的作用，要有高反差的明暗关系，但要注意整体不要画"花"。石材的边沿线要坚挺有力，棱角分明，对倒影反影不要过分强调，以免失去石材的质感，将其画成水面。画石材的花纹和斑点时，要溶入进去，不可浮在表面，且不可画成花布，纹理要在画完底色后，在未干透时描绘，花岗岩类斑点可以点画，大理石类可以用侧锋皴画，但大部分的表现图不会深入刻画石材的纹理，而只是表现石材的感觉。毛石吸光性强，一般较注重固有色的表现，大面积石材的表现不要一块一块地呈现，要整体画，最后画出分隔线，分隔线要有虚实变化，以免生硬。画鹅卵石时要注意疏密变化和体积感，不能画平，现在还有许多人造石，如文化石、仿石材地块瓷片等，其表现方法与石材一样。

（二）地板的表现技法

现代的装饰材料众多，地面的铺设一般分为地砖和木质地板两类。地砖的表现和石材一样，但要注意透视线的表现，透视线可以增强空间层次感。近年来，木地板逐渐被人们所喜爱，运用也较广泛，在表现时用笔要按照铺设方向画，可以增强木地板的真实感和韵律感，不要一块一块地画，要整体上色，由于天然木材会有一定的色差，所以可以有一些变化，但不要画"花"，木地板的亮度一般要低于地砖，因此光影变化不会太强烈，在很多效果图上，地板一般不必涂满，可留有空白，个别地方可以只勾线不上色或虚化掉，这样可以使画面呈现灵活之感，不同的表现方法都能达到较好效果。地板不是孤立存在的，要根据所画内容和环境来处理。

（三）金属的表现技法

在现代环境艺术设计中，金属得到了广泛运用，特别是不锈钢、钛金、铝合金、铜等，这些金属制品和建筑构件无处不在，如门窗、楼梯扶手、柱子、家用电器、家具、生活用品等。不同的金属都有不同的质感，在设计表现上要采取不同的技法。不锈钢材质有哑光与亮光之分，亮光不锈钢表面光滑，具有高反光率，能把周围的景象映射出来，明暗反差较大，对比强烈。因此在画这类物品时要掌握好最基本的原则。首先要表现整体，注重大的光影变化，不要把映射出的所有景物全部画出，以免画"花"。其次用笔要利索，有力度，暗部的反光不能过强，在用色上要和环境统一，不能仅用固有色来处理，成为孤立的局部。还需要注意的是，尽管反差大，但一定要有少量的过渡层次和灰面，哑光的不锈钢则更注重固有色，原因是反光率不高，在表现明暗的对比时要柔和一些，略加一些环境色即可，但坚硬的质感要达到。

在有色的钛金属表现上，不仅要注意将其统一在整个色调之内，还要兼顾环境色。铝合金的表现手法类似哑光不锈钢，铝合金大致有茶色和银色两种，多做门窗用，一般处在光线的出入口，在表现时要注意体积感，其反光不强，相对容易掌握。影响表现的还有物体的形态，如平面、弧面和不规则的容器造型，所以只有了解了物体的结构，才能正确处理明暗变化、高光、反光等，这就要求设计者必须具有较高的素描及色彩基础，掌握这一方法对运用其他金属技法也具有普遍意义。

（四）玻璃的表现技法

玻璃在环艺设计中已成为表现的主角之一，无论是门窗、幕墙、家具还是餐具，其都占有较大比例，玻璃的表现也是令学生较为头痛的事。我们首先要了解玻璃的特点，玻璃与不锈钢都具有高反光率，也都具有坚硬的共性，但玻璃还有透影的特点，可以透过玻璃看到后面的景物，镀膜玻璃从室外看是不透明的，从内部看透明；镜子由于一面有反光膜，因此不透明，磨砂与喷砂玻璃也不透明。表现透明玻璃时，要注意弱化后面的景物，太过清晰则会没有玻璃的感觉，在角的表现上一定要注意高反差的变化，由于光线的折射非亮即暗，所以不要到处都是高光，以防形成"乱"的感觉。

在大型幕墙及门窗的表现上，一定要整体地画，大面积地上色，切不可一块块地拼凑，以免画"碎"，在画完大的光影变化后，画分割线，不要平涂颜色，要有浓淡变化，以突出玻璃的特点。影响玻璃表现的还有玻璃本身的颜色，在实际生活中，不仅有无色玻璃，还有大量蓝色、绿色、茶色、灰色等玻璃。在有色透明玻璃的表现上还要注意背后景物的色彩，虽然磨砂玻璃是不透明的，但也有一定的光感，色彩及明暗的过渡要柔和，在边角处理上要和透明玻璃相似，因为无论是磨砂还是喷砂玻璃，边角是不用进行处理的。

（五）木材的表现技法

木材及仿木材料在环境艺术设计中运用的最多，尤其在室内设计与装饰中，其更占有绝对大的比例，门、窗、地板、家具、墙面、吊顶都需要使用木材，因此木材的设计表现方法也是至关重要的。

木材能给人一种回归自然的感觉，增加生活气息和亲切感。随着人们环保意识的提高，仿木质的合成材料被不断推广，如成型的门窗、家具、地板等，但它们在图纸中的表现方法与木材是一样的。由于木材的种类不同，其特点和纹理颜色也不相同，因此作为一名设计师，必须对相应的材料进行了解、调查，进而掌握不同木材的变化规律和特点，以做到胸有成竹，表现起来得心应手。例如，花梨木、水曲柳的纹理较为粗犷，而枫木比较细腻，花樟则成斑点状。黑胡桃木，紫檀木颜色浓重，它们在表现时均要采取相应的方法解决，以达到更好的表现效果。在厚画法中，一般先铺底色而后勾出纹理，薄画法可先勾纹理而后罩染透明色以便露出纹理，这样会显得纹理更内在，也可在透明底色上勾出纹理。在铺底色或罩染时要有浓淡变化，以便使木材的质感更真实，在勾画纹理时要有疏密变化，以显得更自然。

在用水粉、水彩画木材的底色时要用大笔，勾纹理可用叶金笔和底纹笔，还有一种方法更为便捷，是把水粉或水彩笔的笔头做成枯笔状，使笔头叉开成若干笔锋，稍蘸颜色可同时画出多道纹理图形，可省去许多时间。使用马克笔表现时可以利用每一笔之间的间隙与叠压代替纹理图案达到效果。一般木制物体分上漆与不上漆两种，上漆的木材具有一定的反光效果，因此在处理时要注意光影变化，在灰面部分，固有色会更强烈，过于细小的部分不必画纹理，要概括表现。在反映色差时可以以重叠的方法画出，因为重叠后颜色会加重，也可用稍重些的同类色画出，木材中的节疤可以用深一些的颜色画出。

七、手绘表现中实体的表现

在手绘表现中，要注意个体与整体的关系，如考虑到家具的体量，人物在整个空间的比例大小等。除此之外，在整个画面中要注意偏重点，要进行适当地突出与虚化。在表现过程中不需要每一部分都细细刻画，不是重点表现的部分可以虚化，用简单的线条粗略带过即可。

第六章 室外环境设计实践研究

室外环境设计作为我们居住生活空间的外延，是我们为了提高生活环境所创造的景观设计空间的集合，对室外环境设计的理解就是对景观设计的理解。室外环境设计起源于人类与生俱来的对自然的改造活动，从远古时期人类在洞穴中的各种刻画，到后期人类以农业活动对环境的改造，这其中无不体现出了人们对自然环境功能和美感的追求。本章主要分为：室外环境设计概述、城市广场设计、城市滨水景观设计三个部分。具体阐述了建筑室外环境设计原则、建筑室外环境设计方法、广场的基本特点等内容。

第一节 室外环境设计概述

一、建筑室外环境设计原则

对于地域性以及室外空间进行设计时，一般会从以下几个方面展开，而且还要严格遵循相关原则。

（一）整体性原则

室外环境景观设计的整体性原则就是要求从整体上确立景观的主题与特色，这是景观设计的重要前提。缺乏整体性设计的景观将变成毫无意义的零乱堆砌。在景观设计中，重点并非是具体形态的建筑或环境元素，而是一整套设计规则。其中包含对空间和景观元素的控制以及设计实施方法，此过程提倡公众参与，以建立一套可以不断完善的机制，尤其是重视使用的主体人群的意见。根据景观设计的整体性原则要求，应使景观元素在功能上的不足得到弥补，使历史遗留与新建景观元素生动融合。

（二）前瞻性原则

景观设计应有适当的前瞻性，所谓设计的前瞻性，有三个层面的意思。

①设计要符合自然规律的内在要求，并经得起时间的考验和历史的验证。就是要求景观设计师在设计中，要尊重自然、尊重社会、尊重科学，找出它们各自的内在规律，并将其运用到设计中。

②设计要符合科学技术的不断进步趋势，力求在美学追求、形式表现和景观功能上保持时代特征，保证景观设计在景观未来发展中不会落后。

③设计要处理好内部道路与外部路网之间的衔接关系，在设计过程中积极使用太阳能等新技术、新手段，适当推广运用空气动力学原理，贯彻环保、节能、资源综合利用的理念，给后人留有发展空间。

（三）生态性原则

生态性原则是一种与自然相作用和相协调的方式。"生态"的概念则更侧重于生物与其生存环境之间的相互关系和相互作用。在生物学的概念中，环境是指生物所存在的空间。由此可见，环境作为生物赖以生存与发展的空间，不仅包括人类还有其他的动植物。只不过是在进化的过程中，人类对环境的适应能力与改造能力逐渐获得了提升。也是在这个过程中，人类肆意的改造环境，有一部分生态系统已经出现了问题，不仅仅是对生态环境造成了影响，还对人类的生存与发展形成了挑战。大量的实践证明，人们并没有达到随心所欲地把握自然环境的境界。人类与环境的关系依然是相互依赖、相互影响的动态关系。人类既不能完全顺应环境，也不能随心所欲地改造环境。由此可以看出，人类作为生态系统的重要组成部分，在维持双方之间的动态平衡时，需要付出一定的努力。

（四）人文原则

一个好的景观环境设计离不开对所在地区的文化脉络的把握和利用。良好的景观本身又反映了一定的文化背景和审美趋向，离开文化与美学去谈景观，也就降低了景观的品位和格调。优美的景观与浓郁的地域文化、地方美学应有机统一，和谐共生。在人们的生活中，审美建立在了传统的文化体验基础上。体验文化的核心就是"传统"，景观设计的人文特色就是对传统因素的各种特点进行解析。岐江公园老机器作为景点后又上升到了一个新的层次，并进一步阐释和建构了人文景观体系。要重视景观设计的人文原则，景观设计中的内涵建设正是从精神文化的角度去把握景观的内涵特征的。环境景观的人文景观塑造、提纯和演绎了建筑风格、社会风尚、生活方式、文化心理、审美情趣、民俗传统、宗教信仰等要素，再通过具体的方式将其表达出来，能够给人以直观的精神享受。

（五）美学原则

设计师要把握景观的正向特征，充分体现东方文化观念中多样性的生态美学原则和多层次的美学表达。通常认为，景观的正向特征是：合适的空间尺度，有序而不整齐划一的景观序列、多样性、变化性、清洁性、安全性，有生命的活力和土地应用潜力。景观的负向特征是空间尺度过大或过小、清洁度的丧失、杂乱无章、空间结合不协调、噪声、异味、无应用性等。

景观的美学设计与评价源于人类的精神需求，一般而言，人类重要的精神需求包括兴奋、敬畏、歉疚、轻松、自由和美。景观设计师的工作就是设计出能满足人们精神需求的、有吸引力的景观，其景观的性质包括：自然性、稀有性、和谐性、多色彩性，在空间结构上形成开启与闭合的关系，在时间上体现季节与年度的变化。

二、建筑室外环境设计方法

（一）开放性设计

由于建筑环境设计属于动态的变化，不是一成不变的，时时刻刻都随着市场在进行不断的变化与发展，这就使得建筑环境设计必须是开放的和与时俱进的。由于建筑设计人员的招募不是一朝一夕的，临时增加人员也不见得都是好事，因此为了使得建筑外环境设计工作更好地进行，需要加强对建筑设计人员的开放性设计培训。

（二）安全性设计

安全性在外环境设计中是重要的一个原则，在如今国外以及国内建筑外部环境设计竞争激烈的时代，我国建筑环境设计必须要建立符合现代建筑安全性设计要求的内部设计制度，设置符合现代建筑环境设计发展需要的机构，比如建立科学、严谨、合理的内部设计机制，提高现代建筑环境设计效率和最大价值，更好地优化和改善现代建筑环境设计治理和发展需要，最大限度地对现代建筑环境设计活动进行监督和控制，以保障利益相关者的基本权利。

（三）人性化设计

室外公共空间的设计要遵循以下原则：符合基本的设计规范和标准。现今的住宅除了要满足人类衣食住的需求外，还要满足家庭、工作、婚姻、子女教育、社会交际等多方面的需求。在对于公共空间的布置上，针对老人的设计和儿童的设计是完全不一样的。公共空间的室外活动场地需要安置足够的座椅，以保障居住者在公共空间活动的时候有适当的休憩空间。

人性化设计是指建筑环境与所处人群双向互动，关系和谐的重要设计，我们在其环境设计时应该强调关心人、尊重人的宗旨，这个宗旨要时刻体现在建筑环境空间的设计上，为了对人类活动空间的心理需求、行为特征进行研究，可以在空间领域创建一个不同的功能和特性领域，以满足不同类型用户的不同需求的美好设计。

（四）不同人群休憩与活动区的设计

针对儿童的设计，要把保证安全放在首位。此外，儿童由于好动和爱玩的天性，也会对周围居民的生活造成一些不便。因此在设计上，儿童游乐设施要适当远离居住区，或者周围有玻璃墙进行阻挡。儿童的各种活动设施要符合儿童的身体状况，如地面铺设塑胶瓷砖等，防止儿童在游玩时发生跌倒等。活动设施和场所尽量选择遮阴效果强、树冠大的乔木类树种，避免儿童和设施受到夏天太阳的暴晒，冬天也能保证有阳光照射。此外，相关设施的位置除了适当远离居民区外，空间的领域性也要考虑在内，要避免选择周围车辆和行人较多的区域。

针对老人的设计，要根据老年人的性格、身体素质等实际情况，将活动区域分为健身区和休憩区。健身区主要以老年人的身体活动为主，健身区的设计主要有小型广场和健身器械。根据老年人的身体状况，健身区周围要配备座椅、走廊、凉亭等设施，方便老年人健身之后休息。

健身区的设计可以同儿童设施区域相邻，方便老人或者家长照看小孩，也可以促进邻里间的日常交流。普通休憩区则是以绿化为主，离健身区和儿童设施区位置较远，主要设计几种植遮阴效果强的树木，配备座椅，这样老人可以安静地欣赏景观，陶冶性情，同时也避免了太阳的暴晒。在座椅的设计上，尽量选用防潮的木质材料，让座椅的利用效果实现最大化。

（五）绿化设计

居住区的室外公共空间要有良好的生态环境，这样才能保障居民的健康。

针对居住区公共空间合理配置植物的问题，要根据植物的特点来构建生态环境，巧妙地利用树木、草坪来布置休憩设施。植物种类的选择应符合当地的气候条件，选择能适应当地环境并且观赏性很强的树种。同时，要避免出现植物种类单一的情况，使植物的观赏价值下降。在绿化的设计上，要注重同周边建筑的协调性，以保障居住区绿化的美观性。当然，绿化设计不能对居民生活造成不便，要保证居民的通风、光照不受影响。

（六）道路设计

道路设计要实现人车分流，避免私家车的噪音对居住区的居民生活环境产生影响，保障居住区安全、安静的环境。在道路的设计上，采用环路的形式可以使机动车在居住区有活动的空间。在道路的设计上，要实现人车共存的空间效果。

针对道路的使用材料，人行道和车行道的材料使用上要有所区别。人行道可以选择石料或者仿真类石料，休憩区可以采用鹅卵石，方便老年人锻炼身体。另外，为了应对夏季多雨和冬天多冰雪的情况，可以选择吸水性较强的材料。车行道的材料同一般公路的材料相同，主要使用沥青、混凝土等，以保障车辆的通行。针对老人、儿童容易发生失去方向感的情况，道路设计必须要有指示牌等标志。

（七）应急避难场所规划设计

在居住区室外公共空间也要做好应急避难场所的规划。当发生突发事故时，应急避难场所可以有效保证居民的人身安全。在应急场所的设置上，要设计好应急通道和避难场地，同时在灾难发生时能及时准备食物、饮用水和药物等用品。

第二节　城市广场设计

一、广场的定义

广场的概念来源于欧洲，大古罗马时代，广场是集会的场所。广场是由建筑物围合构筑而成的，同时也是建筑物最好的展示场所。中世纪和文艺复兴时期的欧洲城市，公共广场常用于游行、操练、观赏、教会仪式和市政活动。现代广场已经成为城市环境的重要组成部分，是集功能、文化、艺术为一体的城市公共开放空间，是城市空间中最具有活力、吸引力的地方。良好的广场景观设计可令人产生环境认同感、亲切感和自豪感。

二、广场的基本特点

现代城市广场不仅丰富了市民的社会文化生活，改善了城市环境，带来了多种效益，同时也折射出了当代特有的城市广场文化现象，成了城市精神文明的窗口。在现代社会背景下，现代城市广场面对现代人的需求，表现出了以下基本特点。

（一）性质上的公共性

现代城市广场是现代城市户外公共活动空间系统中的一个重要组成部分。随着工作、生活节奏的加快，传统封闭的文化习俗逐渐被现代文明开放的生活方式所代替，人们越来越喜欢丰富多彩的户外活动。在广场活动的人们不论其身份、年龄、性别有何差异，都具有平等的游憩和交往氛围。现代城市广场要求有方便的对外交通方式，这正是满足其公共性特点的具体表现。

（二）功能上的综合性

功能上的综合性特点表现在多种人群的多种活动需求，是广场产生活力的最原始动力，也是广场在城市公共空间中最具魅力的地方。现代城市广场应满足的是现代人户外多种活动的功能要求。年轻人聚会、老人晨练、歌舞表演、综艺活动、休闲购物等，都是过去以单一功能为主的专用广场所无法满足的，能够取而代之的必然是能满足不同年龄、性别的各种人群（包括残疾人）的多种功能需要，以及具有综合功能的现代城市广场。

（三）空间场所上的多样性

现代城市广场功能上的综合性要求其内部空间场所具有多样性特点，以达到实现不同功能的目的。如歌舞表演需要有相对完整的空间，情人约会需要有相对郁闭私密的空间；儿童游戏需要有相对开阔独立的空间等，综合性功能如果没有多样化的空间创造与之相匹配，将会无法实现。场所感是在广场空间、周围环境与文化氛围的相互作用下，使人产生归属感、安全感和认同感。这种场所感的建立对人来说是莫大的安慰，同时也是对现代城市广场场所性特点的深化。

（四）文化休闲性

现代城市广场作为城市的"客厅"，是反映现代城市居民生活方式的"窗口"，注重舒适、追求放松是人们对现代城市广场的普遍要求。广场上精美的铺地、舒适的座椅、精巧的建筑小品加上丰富的绿化，可以让人徜徉其间流连忘返，忘却了工作和生活中的烦恼，尽情地欣赏美景、享受生活。

现代城市广场的文化性特点主要表现在两个方面：一方面是现代城市广场反映了城市已有的历史、文化；另一方面是现代城市广场对现代人的文化观念进行了创新，即现代城市广场既是当地自然和人文背景下的创作作品，又是创造新文化、新观念的场所，是一个以文化造广场、又以广场造文化的双向互动过程。

三、广场的类型

广场的类型多种多样，主要是从广场使用功能、形式的属性和特征来分类的。

（一）功能类型

1. 市政广场

市政广场一般位于城市中心位置，通常是市政府、城市行政区中心、老行政区中心和旧行政厅所在地。它往往布置在城市主轴线上，是一个城市的象征。在市政广场上，常有表现该城市特点或代表该城市形象的重要建筑物或大型雕塑等。

市政广场具有良好的可达性和流通性，故车流量较大。为了合理有效地解决好人流、车流问题，有时甚至多采用立体交通方式，如在地面层安排步行区，地下安排车行、停车等，实现人车分流。市政广场一般面积较大，为了让大量的人群在广场上有自由活动、举行节日庆典的空间，一般多用硬质材料进行铺装，如北京天安门广场、莫斯科红场等。也可以软质材料进行绿化，如美国华盛顿市中心广场，其整个广场如同一个大型公园，配以座凳等小品，把人引入绿化环境中去休闲、游赏。市政广场布局形式一般较为规则，甚至是中轴对称的，标志性建筑物常位于轴线上，其他建筑及小品对称或对应布局，广场中一般不安排娱乐性、商业性很强的设施和建筑，以加强广场稳重严整的气氛。

2. 城市纪念广场

城市纪念广场题材非常广泛，涉及面很广，可以是纪念人物，也可以是纪念事件。通常广场中心或轴线以纪念雕塑（或雕像）、纪念碑（或柱）、纪念建筑或其他形式的纪念物为标志，主体标志物应位于整个广场构图的中心位置。纪念广场有时也与政治广场、集会广场合并设置为一体。

纪念广场的大小没有严格限制，只要能达到纪念效果即可。因为通常要容纳众人举行缅怀纪念活动，所以广场中应具有相对完整的硬质铺装地，而且要与主要纪念标志物（或纪念对象）保持良好的视线或轴线关系，如哈尔滨防洪纪念碑广场、上海鲁迅墓广场等。

纪念广场在进行选址时应远离商业区、娱乐区等，严禁交通车辆在广场内穿越，以免对广场造成干扰，并注意突出严肃深刻的文化内涵和纪念主题。宁静和谐的环境气氛会使广场的纪念效果大大增强。由于纪念广场一般保存时间很长，所以纪念广场的选址和设计都应紧密结合城市总体设计。

3. 交通性广场

站前交通广场是城市对外交通或者是城市区域间的交通转换地，设计时广场的规模与转换交通量有关，包括机动车、非机动车、人流量等，广场要有足够的行车面积、停车面积和行人场地。对外交通的站前交通广场往往是一个城市的入口，其位置一般比较重要，很可能是一个城市或城市区域的轴线端点。广场的空间形态应尽量与周围环境相协调，体现城市风貌，使过往旅客使用舒适，印象深刻。

4. 休闲广场

在现代社会中，休闲广场已成为广大市民最喜爱的重要户外活动空间。它是供市民进行休息、娱乐游玩、交流等活动的重要场所，其常常会选择在人口较密集的地方，以方便市民使用，如街道旁、市中心区、商业区甚至居住区内。休闲广场的布局不像市政广场和纪念性广场那样严肃，往往灵活多变，空间多样自由，但一般与环境结合很紧密。广场的规模可大可小，没有具体的规定，主要会根据现状环境来考虑。

休闲广场以让人轻松愉快为目的，因此，广场尺度、空间形态、环境小品、绿化、休闲设施等都应符合人的行为规律和人体尺度要求。就广场整体主题而言是不确定的，甚至没有明确的中心主题，而每个小空间环境的主题、功能是明确的，每个小空间的联系是方便的。总之，要以舒适方便为目的，让人乐在其中。

5. 文化广场

文化广场是为了展示城市深厚的文化积淀和悠久历史，并以多种形式在广场上集中地表现出来，因此文化广场应有明确的主题。与休闲广场无须主题正好相反，文化广场可以说是城市的室外文化展览馆，一个好的文化广场应让人们在休闲中了解到该城市的文化渊源，从而达到热爱城市、激发上进的目的。文化广场的选址没有固定模式，一般选择在交通比较方便、人口相对稠密的地段，还可考虑与集中公共绿地相结合，甚至可结合旧城改造进行选址。其设计不像纪念广场那样严谨，更不一定需要有明显的中轴线，可以完全根据场地环境、表现内容和城市布局等因素进行灵活设计。

6. 宗教广场

我国是一个宗教信仰比较自由的国家，许多城市中还保留着宗教建筑群，一般宗教建筑群内部都设有适合该宗教活动和表现该宗教教意的内部广场。而在宗教建筑群外部，尤其是入口处，一般都设置了供信徒和游客集散、交流、休息的广场空间，同时其也是城市开放空间的一个组合部分，其设计首先应结合城市景观环境整体布局，不应喧宾夺主、重点表现。宗教广场设计应该以满足宗教活动为主，尤其要表现出宗教文化氛围和宗教建筑的美，通常有明显的轴线关系，景物也是对称（或对应）布局的，广场上的小品以与宗教相关的饰物为主。

7. 古迹（古建筑等）广场

古迹广场生动地代表了一个城市的古老文明程度。可根据古迹的体量高矮，结合城市改造和城市规划要求来确定其面积大小。古迹广场是表现古迹的舞台，所以其设计应从古迹出发组织景观。如果古迹是一幢古建筑，如古城楼、古城门等，则应在有效地组织人车交通的同时，让人在广场上逗留时能多角度地欣赏古迹，同时在登上古建筑后又能很好地俯视广场全景和城市景观。

8. 商业广场

传统的商业广场一般位于城市商业街内或者是商业核心区，而当今的商业广场通常与城市商业步行系统相融合，有时是商业中心的核心，如上海市南京路步行街广场。此外，还有集市性的露天商业广场，这类商业广场的功能分区是很重要的，一般会将同类商品的摊位、摊点相对集中布置在一个功能区内。

以上是按广场的主要功能性质进行分类的，就广场主题而言，一般市政广场、纪念广场、文化广场、古迹广场、宗教广场相对比较明确，而交通广场、

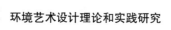

休闲广场、商业广场等不是那么明确，只是有所侧重而已。

当然，现代城市广场分类还可以按尺度关系、空间形态、材料构成、广场平面形式、广场剖面形式等进行。

（二）形式类型

1. 围合型

围合型广场相对封闭，多由建筑物实体作为边界围合形成相对独立的空间。

2. 支配型

按照美国建筑学家保罗朱克的理论，支配型广场表现为一个突出建筑物或者是一组建筑物群明确地朝向广场开敞的方向，并且与周围其他建筑物相互关联，构成地区景观特色。

3. 连环型

一系列的几个广场通过街巷彼此连接起来，构成了一个复杂的空间序列，或者一个公共广场拥有不规则的复杂形态，使得两个或多个空间彼此渗透、相互交叉或者一两个标志性建筑物被多个空间所环绕，各空间以建筑物墙体为界面，并最终被一个更为显著的、地标性建筑物所支配，形成一个序列。

按照性质、功能进行分类，城市广场可分为市政广场、纪念广场、文化广场、商业广场、游憩广场、通集散广场等类型。根据在城市空间结构中的地位，城市广场可分为城市中心广场、区域中心广场、社区广场三个级别。

四、广场设计实例

（一）任务书

1. 项目概况

某城市修建地铁，本项目为地铁出入口广场设计。项目位于中心繁华城区，临近城市主干道，场地周边公建与居住建筑密集。

2. 设计范围

本次设计范围南北长 55 m，东西长 36 m，西邻南京街，南邻中华路，场地面积为 1986 m²。

3. 基本要求

①设计应充分考虑地铁出入口广场的使用功能。

②将广场景观与城市景观相融合。

③注重景观的地域性与文化性。

（二）相关资料收集

收集项目相关资料，包括项目原始底图、项目规划图、道路断面图、项目区气象资料（温度、湿度、日照、雨雪、风向、风速、冻土深度）、地形及地质水文资料（基地地形标高、土壤种类及承载力、地下水位、地勘报告）、水电等设备管线资料（基地地下给水管线布置、基地地下排水管线布置、基地地下电缆等管线布置、基地上架空线等供电线路情况）、项目的有关定额指标（绿地率、游人容量、绿化覆盖率）等。

（三）设计任务书分析

设计任务书分析的主要内容包括：分析项目建设的总目的及总要求；分析项目的建设定位；分析项目的具体使用要求；分析项目的建设面积、功能分区及其之间的关系；分析项目的总投资与单位造价以及各部分投资状况；分析设计期限与项目建设的进度要求等。

（四）场地踏察

场地踏察的主要内容有实地核对图纸，标注图纸上未标明或未准确标明的主要地貌地物；实地踏察土壤状况、地形地势、地下水位等自然环境情况；实地踏察项目周边区域用地类型、建筑分布及形式、地上地下管网管线分布情况；实地调查各类典型人群对项目的建设与使用意见；实地调查项目所在地的历史文化、风土民俗、经济产业、地方特色。

（五）场地分析

场地踏察完成后，需要对踏察结果进行综合分析。分析踏察结果对设计可能产生的影响以及解决对策，并完成场地分析报告。

（六）方案设计与汇报

结合设计任务书与场地分析结果，先形成总体构思，内容包括设计的主要理念及起因，总平面布置草图，主要功能区域划分草图，主要景观区域划分草图，铺装、水体、道路、场地出入口、绿地等主要元素的布置草图与基本形式。

在构思的基础上进行深化设计，完成总平面设计、功能区域划分、景区划分、竖向设计、铺装、出入口及交通流线设计、水体设计、种植设计、室外景观建筑设计、小品设计等，并绘制各项设计图纸，撰写说明文字，最后进行文本编排，并制作汇报幻灯片。

（七）施工图设计与技术交底

施工图设计应严格按照行业制图标准执行。施工图纸文件交付后，业主单位会组织施工单位、监理单位和设计单位进行技术交底会。在会上，业主、监理、施工单位会提出自己关心的技术问题，所提及的问题往往是施工中的关键节点，因而设计方应在会前做好充分的准备，各专业设计者在会上要结合图纸当场解答，如果未能当场给予答复的，尽量在最短时间内给予回复。

第三节　城市滨水景观设计

一、城市滨水景观的定义

"滨水景观"是近几年才出现的新名词，因此，在中国几乎所有正式出版的词典上都没有明确的解释。

我们这里所说的滨水景观设计是指，对城市中临近自然水体区域的整体规划和设计，因此，滨水按其毗邻的不同水体性质，可分为滨河、滨江、滨湖和滨海区域。需要说明的是，城市自然水体顾名思义是指自然界原来所拥有的水体，不应该是人工开凿的，但是有一些人工开凿的大型水体工程，如我国的京杭大运河在人们的心中已经是一条十分重要的城市水系了，与自然水体没有什么本质上的区别，因此这些大型的人工水体工程也被算在了城市滨水区的范围之内，而那些小型的人工挖凿的水体，如一些园林中的水塘等就不算是城市滨水区了。

二、城市滨水景观的分类

根据不同的性质，城市滨水景观可以分为不同的种类。

（一）按滨水区不同的物质构成分类

滨水区不同的物质构成给人们的视觉带来了不同的感受，但总体上可以以水体的面积、周围生态圈的作用、人工构筑物的多少来界定城市滨水区的类型，一般可以分为三大类。

1. 蓝色型

这种类型偏重于反映水和天空的景象，使人感受到自然水体的广阔无垠。运用这种设计手法形成的自然水体面积一般较大，如滨海区以及太湖、洞庭湖等大型湖泊地区。根据调查，人们最喜欢聚居的环境是滨海地区，由此可见，水体对人们的吸引力有多大。因此，只要有条件，我们都应当注重对于大型水体的有效利用。

2. 绿色型

此种类型一般注重对自然生态的保护，驳岸一般采用自然型，用以保护滨水区原有生态圈。它不仅包括陆上的动植物，还包括水中的一切生物，人们常常会重视陆地上的绿化而忽视了水中的动植物的存在。

3. 可变色型

所谓可变，就是指灰色的混凝土、黄棕色的自然土地、绿色的植物等，城市滨水区由不同的物质构成，以不同的比例混合可以形成变化的色彩。在现代城市滨水景观设计中，一般都是以可变色为主的，只要涉及滨水区广场的设计都属于此种类型。设计可变色滨水景观需要以下资料：水利水文资料、防洪墙的技术处理问题、城市规划方面的资料、旅游活动资料等。

（二）按不同的功能分类

1. 自然生态型

这种滨水景观立足于对自然的全面保护，其一般看不见大面积的广场等现代的景观设计元素，它尊重生态自然，维持了陆地、水面及城市中的生物链的连续。它尽量保留和创造生态湿地，造就了微生物、鸟类、昆虫等的栖息之所。

2. 防洪技术型

一般滨水地区都要考虑其防洪的功能，因为滨水地区往往是洪涝灾害多发地区。

防洪技术型的滨水景观设计并不是完全只进行防洪的设计，而忽略了景观的设计，只是在设计的过程中，将防洪放在了第一位进行考虑，所有的其他规划都应该尊重和服从防洪这一原则。像长江、黄河等沿岸都应该重点考虑其防洪功能，接着才可规划其他的设施和功能，上海的黄浦江和南京的秦淮河滨水设计也应当将防洪功能作为重点考虑。

3. 旅游休闲型

在当今这种高效率和竞争激烈的社会中，人们常常感到身心疲惫，所以旅游休闲类滨水景观就应运而生，而且发展速度越来越迅猛。旅游休闲的滨水景观设计重点考虑城市空间与滨水地区的融合，使之更能适应城市居民的休闲活动和游客的旅游需求，杭州西湖就是这种类型的典型代表。现在，越来越多的城市都兴建起了滨水景观区，使市民有了更多的休闲去处。

三、城市滨水区景观生态规划的现状

（一）城市滨水区开发的特点

近年来，许多地区不断尝试重新发掘城市滨水区的潜力，比如日本横滨港、澳大利亚悉尼港、加拿大多伦多港区等多个城市的滨水区。

这些滨水区成了其所在城市的标志，吸引了世界各地的游客。这些滨水区域的规划不仅设计出了标志性的滨水景观，更重要的是它们具有以下几项功能。

①多样性。城市滨水区的规划和设计在不破坏生态环境的前提下，使滨水区内的自然环境更加多样化，为公众提供了功能齐全的设施。

②适用性。城市滨水区的规划和设计除了要满足公众的需求，为公众提供多样的服务以外，还要在形式和功能方面与城市的自然环境和社会环境相协调。

③开敞性。城市滨水区是向公众开放的空间，滨水区的建筑要有通透性的特点，不能破坏城市轮廓线。

④可接近性。城市滨水区的规划和设计要能够保证城市的公众可以借助于各种交通工具抵达滨水区，不被障碍阻隔。

（二）城市滨水区开发建设的经验

西方发达国家有几十年的开发城市滨水区的历史，积累了大量的理论成果和实践经验。一些国家甚至成立了专门的机构研究城市滨水区的规划和设计问题。如美国的水滨中心（WAG）、日本的水滨更新研究中心（WARRC）等。

20 世纪 60 年代以来，西方国家开始重视城市滨水区的规划和设计中滨水空间的综合开发利用，将码头、工业区建设为综合功能区。在这一过程中，有以下几点需要重视。

首先，城市滨水区的规划和设计要在不破坏滨水资源和城市环境的前提下进行，有关部门要加强引导，严格监控城市滨水区的开发，使滨水区保持可持续发展的状态。

其次，要最大程度地发挥滨水区的资源优势，根据城市的功能特点和自然环境特点，立足全局，设计出与城市的功能和特点相适应的城市滨水功能区体系，从而使滨水区的特色得到发挥。

再次，城市滨水区的开发和建设要经过精心的规划和设计，要保证滨水区有便利的交通条件、舒适的环境，功能齐全的功能区，建筑形式和环境设计要有辨识度。

最后，滨水区的规划和设计要设立长远，使之实现可持续发展目标，形成发展的良性循环。

（三）城市滨水区开发存在的问题和教训

20 世纪 50 年代以来，世界各国的产业结构均有所调整，西方发达国家的城市滨水区的开发与工业、交通设施和港埠迁出城市中心相伴而生，工业企业从城市迁到郊区，在这一迁移过程中产生了一些问题。同时，其滨水区开发也由此产生了诸多问题。

1. 社区建设问题

工业化国家产业结构优化升级使得传统制造业和商品交易方式发生了变化，产生了大量的失业人员。城市滨水区的开发和建设没能使这些失业人员的问题得到解决。这种滨水区的转变反映了发达国家当代最基本的社区问题——缺乏低技艺劳动力岗位。

2. 开发模式问题

随着国际化进程的加快，越来越多的项目开发模式趋于一致，开发模式的抄袭现象十分严重。这一问题也存在于城市滨水区的规划和设计中，越来越多的城市滨水区开发不顾当地特色而抄袭成功的城市滨水区开发模式，使得开发模式千篇一律。

3. 投资主体和经济问题

在城市滨水区的开发中，有不少投资主体遭遇经济问题的例子。如伦敦庞大的港区开发中的金丝雀码头区开发项目曾面临严重的经济问题。城市的滨水区的开发遇到经济问题的主要原因是项目的开发由市场掌控，脱离了规划设计的控制。

4. 历史真实性问题

城市滨水的规划和设计中有一种观点认为，滨水区的规划和设计如果缺乏"真实性"，那么滨水区的开发将沦为空洞的项目。这种观点有一定的道理，但滨水区的规划和设计的"真实性"要根据具体的开发对象而定，有历史特色的滨水区的规划和设计要坚持"真实性"的原则，其他普通滨水区的规划和设计则无此必要。

（四）城市滨水区开发的发展趋势

城市滨水区的开发和扩展能够应对全球性的城市再生复兴的问题，同时能够反映出公众为应对环境变化和科技影响做出的努力。

纵观国内外滨水区开发建设的发展情况，大致呈现出了以下发展趋势。

1. 滨水用地多功能化

对城市滨水区进行综合性的开发和利用，滨水区逐渐由码头和工业区转变为了集居住、办公、购物、娱乐和旅游于一体的综合功能区。

2. 强调滨水区开发对城市经济的带动作用

城市滨水区调整用地结构，优化区域功能，改造周边环境、建设景观设施的目的都是改善滨水区的环境形象，以吸引投资，促进城市发展。

3. 注重滨水区的景观和旅游功能

通过对滨水区进行精心的设计，使之具有完备便利的交通条件、舒适的环境和功能齐全的功能区，建设有标志性的建筑，使环境景观和周边设施形成特色，以带动旅游行业的发展。

4. 强调滨水区的可持续发展

一方面要制定城市滨水区发展目标，使滨水区的建设能够服务于公众的日常生活，符合城市的整体发展方向，同时能够促进环境的良性循环；另一方面，城市滨水区的开发不能污染滨水资源、破坏城市环境。

5. 注重滨水区的生态功能保护

随着环境问题的日益严峻，城市的规划越来越注重保护生态环境，运用各种技术保护生态环境，维持城市滨水区的生态平衡，以此来提升城市的生态环境，促进城市的发展。

四、城市滨水区景观生态规划设计的理念和原则

（一）城市滨水区景观生态规划设计的理念

1.自然生态理念

自然保护和生态恢复的侧重点不同，但二者之间有一定的联系。滨水区规划中以自然保护和生态恢复理论为指导的自然生态理念的含义如下。

（1）自然形式的保护观

自然形式的保护观是指在保护滨水区自然形式和环境特质的前提下，用生态学的理论观点指导滨水区的规划设计。这是滨水区开发要坚持的一项基本原则。自然形式的保护观非常重视滨水区的自然性，将保护和重新塑造自然形式作为城市滨水区规划设计的重要内容，即遵从自然，其首要前提是坚持自然的原生态。根据生态学原理，使用天然材料模仿河道岸线，尊重景观的自然特性，实现滨水区的可持续发展。

（2）自然过程的恢复观

自然过程的恢复观是指对自然要素之间的作用和联系进行恢复。这些自然要素之间的作用和联系是城市滨水区生态建设的主要内容。健全自然生态过程能够提高自然生态系统的自稳性，降低维持投入。

2.景观生态理念

一般认为，滨水区规划中以景观生态学理论为指导的景观生态理念的含义包括以下两部分。

（1）生态系统的多样观

城市滨水区的开发会影响滨水生态系统的生物多样性。从景观生态方面来看，城市滨水的规划和设计应注重生态系统的多样性和地域分异性。各种生态要素要有其生存发展的基础并形成网络结构，使多种生态系统共同发展，保护城市滨水区的物种多样性和遗传多样性。

（2）景观格局的安全观

景观安全格局是以景观生态学理论和方法为基础，判别和建立生态基础设施的一种途径。滨水区规划的景观生态理念，就是通过分析和模拟滨水区景观过程和格局的关系，来判别滨水区生态系统的健康与安全。这些景观过程包括滨水区的开发、扩张物种的运动空间、水和风的流动、灾害过程的扩散等。

3.经济生态理念

生态经济学是一门从经济学的角度来研究由经济系统和生态系统复合而成的生态经济系统的结构和运动规律的科学。这门学科研究的一个核心问题就是如何使生态和经济保持平衡，即实现生态经济效益。

在城市环境设计中应用生态经济学的理论观点就是用最小的物理空间实现最多的生态功能，用最小的生态成本获得最高的经济效益，获得最大的资源利用效率。

滨水区规划中经济生态理念的含义如下。

城市滨水区生态建设重点突出宏观的整体和谐。城市滨水区的规划和设计要与城市的整体规划和设计有一定的联系，避免使城市滨水区成为城市中的独立体。滨水区的各类用地的比例要合理配置，在做规划设计时要立足全局，有整体观念，从城市变革和功能发展的角度看待问题，进行整体功能和景观开发形式的策划定位，使城市的整体效益最大化。

（二）城市滨水区景观生态规划设计的原则

1.滨水区空气环流设计原则

滨水风的具体成因是白天陆地增温比水面快，气温比水面高，因此使陆地空气上升，当陆地上空的气压增高到高于同高度水面上的气压时，在该层面上便产生了自陆地指向水面的气压梯度，使空气由陆地流向水域。于是陆地上近地面层的空气减少，地面气压因而下降，而水面上空的空气质量增多下沉，使水面气压升高，在近水面处便形成了自水面指向陆地的气压梯度力，下层空气就从水面流向陆地，形成了扑面而来的流水风。晚上情况正好相反，在临地面层会形成由陆地吹向水面的风。

该过程正是滨水区域特有的自然特质，滨水风是评判滨水区域空气品质好坏、气流（风）强弱的基础，是滨水景观"环境基底质"之一。

另外，由于现今进行的滨水景观设计的尺度远大于人的"庭院设计"中的"水面"尺度。有研究表明，当水面长度超过200米且达到一定的面积时，中等级的风就能使水面形成一定的轻浪，轻浪冲击岸边经反射后就会形成"驻浪波"。驻浪波的能量是单个冲击浪的2～5倍，其将会卷起岸边泥土，造成水土流失，岸线侵蚀这种水力冲刷亦是滨水景现"环境基底质"之一。

目前，景观设计师对上述领域的研究还不多。也许有人要问，这种滨水区难道也要设计？作为景观设计师如果提出这个问题，则说明对"生态景观"概念的了解还不深入。所谓生态景观并不是多种些植被，提高植被覆盖率，组织好乔灌木分区，分层搭配，考虑动物栖息，恢复自然驳岸等那么简单生态景观设计，而应该是对自然各环节的全方位的分析和思考。

例如，苏州金鸡湖景观设计获得了美国景观建筑师协会2003年度优秀设计奖，建设得也不错，但每年夏季在湖的东南、东北、东岸均会出现一些局部的怪风（呈涡旋状）其破坏力不小，究其原因是由于苏州地处我国夏季季风带，每年夏季为东南风向（有台风，雷暴风等），原本这些风不会形成旋转式怪风，但由于金鸡湖水面有7.38平方千米，因此，在其水陆交界面上就形成了局地环流，滨水风较大，白天，滨水风的方向从湖面吹向岸地。当东南季风由岸边吹向湖面，这两股风相遇且风力级别大致接近时，就容易扭成"涡旋式局地环流风"，其破坏力比单向风的破坏力大2～8倍，甚至更高，使得岸边已建成的一些景观设计、植物均受到了相应的破坏。这就是景观设计师由于不明"天象"造成的缺憾。如果事先懂得这个原理，就能在景观规划阶段进行相应调整，在景观细部实施阶段进行因势利导的设计。这样既能保证景观效果，又减少了后期景观的维护费用。

具体实施时可设置缓冲区——湿地带，在适当尺度上（需经计算）布置一定区域，调节局部温差梯度力，或在岸边适当区域设置水面扩展区（结合导出性支流或结合城市划的土地利用布局来设计或设置"微阻风带"，可布置成景观林带）等。在处理环境问题时应进行全方位的思考，在设计时不仅要注意有形的因素（含形、色、状、体、质），还需要思考规划那些无形的因素，如气流、能量变化场的分布变化等。

2. 滨水区生物活动协调原则

福曼（R.T.T.Forman）与格伦（M.Grodron）在其合著的《景现生态学》中提出，从结构上讲，"景观是以类似方式重复出现的由若干生态学系统聚合组成的镶嵌体"。其基本组成单元则被称为景观要素，而最基本的生态景观要素有3类，分别是斑块，廊道和基质，三者建构起了生态景观学中著名的"基质斑块廊道"体系。

对现代景观生态学的多项研究表明，由于人类活动的介入，滨水区域的生态基质、斑块都发生了很大的变化，人类活动占有的斑块或道的经济效益提高到一定程度后引起了基质的环境、效益的降低，乃至达到一定程度时，就会严重破坏环境平衡，从而造成大的灾难和损失。这其实是环境对人类行为的一种反噬作用，这样的例子在人类近现代史中亦有不少，例如，马斯河谷大气污染事件。

所以在滨水区的景观设计中一定要运用"基质斑块廊道"理论和其衍生出的一些方法（如趋势表面和阻力模型，生态环境评价法等）来设计安全生态空间格局，并对该理论运用在本地区范围内的斑块、廊道的基本宽度、连续度等进行量化工作（这些可参照国外的景观廊道研究的先例。如，Forman. Antonin，Brown 等学者的研究成果），变理论为可操作模式，并自觉地在设计中维护这种景观生态合理与健康。这种协调性设计体现了"环境优先原则"。

3. 滨水区水利改造原则

出于对安全的考虑，在滨水景观设计中可能需要建造一些水闸，部分硬驳岸，部分自然生态驳岸，漫滩，湿地、导出性支流，蓄满池（塘）、缓洪池（塘）等工程设施。这些建造设施的设计不能违背水利学原理，没有自身防护功能的滨水景观生态设计亦是不能被接受的，但是也不应像从前那样，仅仅依据工程学（部分考虑美学）的原理来设计，而应结合环境保护，运用生态学原理，做出相应的改进，以进一步完善设计。

作为一名景观设计师，如果不能从意识形态上树立起"环境优先"的设计原则，那么，他将仅是一名为生计而设计的"匠作者"，不能称为景观设计师。显而易见，向公众推广可持续发展理念和保护环境是一名景观师的基本职业道德。一名真正的景观设计师，在现实设计中有时会限于各种压力而做出一些不是出自本意的设计，但只要有一线可能，就都必须以环境优先原则（可持续发展原则）作为自己设计项目的最高指导原则和毕生奉行的宗旨。

五、城市滨水景观的造型运用

在造型艺术中，形是由点、线、面、体的运动、变化组合而成的。点，以其位置为主；线，则以线的形态、长度和方向为主；面，则以其形态及面积为主；体，以其体积为主。在造型艺术中，它们各有其独特的魅力和作用。在滨水景观设计中，如何运用好点、线、面、体的结合，创造出独特的意境是具有挑战意义的，只有将点、线、面、体诸多元素的体量和位置关系进行整体考虑，才能进入崭新的意境。

（一）点在滨水景观艺术中的位置及美感形式

点，在几何学中不具备面积、大小和方向，仅仅表示其位置而已，但是在造型学上，点作为形态构成的要素之一，有其面积的变化。点的分布可以是平面的组合、立体的组合，同时点也可以具有不同的形状，如三角形、球形、圆锥形等。点的移动或排列不仅具有鲜明的语义提示，还具有时间性和方向感。

点的有规律的组合可以产生节奏感和韵律感的线，点的集合也可以组成面，在线的两端，线的曲折点、交叉点、等分点等处，都能感觉到点的存在，在多角形的顶点也能感觉到点，对于正边形或圆形来说，其中心就暗示着点。点具有构成重点、焦点的作用和聚集的特性。

1. 创造空间的美感和主题意境

点，具有高度聚积的特性，而且很容易形成视觉的焦点和中心。在滨水空间中，由于以大面积的自然水体作为背景，因此更能体现出点景观的聚焦作用。苍山绿水中的一座空亭，一座高楼，一座宏伟的大桥，均会显得格外醒目，游人会不约而同地向它们靠拢。在广场中心和路的尽端或转弯处，都可以安置点造型的景观，如杭州钱塘江畔的六和塔、上海浦东陆家嘴的东方明珠电视塔、武汉长江边的黄鹤楼等，其既是极重要的观赏点，同时又是名胜之地的中心和主要景观。

滨水景观中的点景观不仅仅局限于构筑物，一株造型奇特的乔木、一个装饰精美的花坛都可以成为滨水景观中的亮点，因此在构思设计时，要极其重视点的这一特征，要画龙"点"睛。

2. 形成节奏和秩序美

在滨水景观中，点不仅仅是静止状态的点，还存在着大量的点的运动，点的分散与密集可以构成线和面，同一空间、不同位置的两个点之间会产生心理上的不同感觉，就像五线谱上的音符，疏密相间，高低起伏，排列有序。点作为视觉去欣赏时，具有明显的节奏韵律感。在滨水景观中将点进行不同的排列组合，同样会构成有规律有节奏的造型，能表示出特定的意义。

3. 散落的点构成的视觉美感

散点构成，如同风格多样的散文、旋律优美的轻音乐。"散点"并非零乱，而是散而有序，若断若续，活泼多变，连贯呼应的一个整体。散点，在城市滨水景观中进行运用时多为绿化植物的分布和一些诸如石块、雕塑的布置。在滨水景观中，树群的布置不可过密成片，以影响游人观赏自然水体，要有疏密变化，以显出其情趣。如果与草地相结合，则成为疏密相间、三五成丛、自由错落的"林草地"，这就是典型的散点构成，运用这种方法设计的绿化，景色自然优美，高低起伏，变化多姿。夏天可以遮阴蔽阳，冬天又不影响沐浴阳光，是市民最喜欢的活动场所。

4. 点的陪衬与点缀

点，作为"焦点""中心"，均有唯我独尊之势，若作为"陪衬"或"点缀"就很谦虚了，从不喧宾夺主。如建筑与建筑间的绿化小品，在无意中随意布置的休息椅等，虽然看上去都是在不经意间摆放的，但有些确是设计师精心安排的。比如说休息椅的设计，有些就从造型、布局上进行了十分精细的设计，点缀出了滨水景观的美，如浓荫下的"树墩"座，草坪中的"蘑菇"墩，水岸旁的"石矶"等，都构成了幽雅野趣的一角，点缀和丰富了滨水空间。

滨水区的环境设施也应该作为一种"点"来点缀空间，路灯、路牌、垃圾箱，甚至一块告示牌，都应该对其进行规划设计，使其与整个空间协调，陪衬烘托出整个空间的意象。由上可知，"点"在滨水景观设计中的艺术表现力是毋庸置疑的，我们在滨水景观设计中应继续挖掘"点"的表现力和感染力，在滨水景观设计中重视"点"这个最基本的造型要素，以激发灵感，记录下艺术思维中的每一个闪光点。

（二）线的特征及在城市滨水景观艺术中的重要作用

1. 直线在城市滨水景观艺术中的应用

直线在造型活动中常以三种形式出现，即水平线、垂直线和倾斜线。

水平线平静、稳定、统一、庄重，具有明显的方向性。如规矩方圆的花坛群在直线和曲线或绿篱的分割、组合下，可以构成精美的图案，造成一种统一和温馨的感觉。

我们要特别提到一点，规则的水岸是滨水空间造型中的一条特殊的直线造型，它是滨水空间水陆分界线，也是滨水景观造型中最吸引人的一条"线"，多变的水岸设计也为滨水景观增添了风采。

2. 曲线在城市滨水景观艺术中的重要地位

曲线在城市滨水景观设计中运用最为广泛，滨水空间的建筑、绿化、水岸、桥、廊、围墙等，处处都有曲线的存在。

曲线分两类：一是几何曲线，另一种是自由曲线。几何曲线的种类很多，如椭圆曲线、抛物曲线、双曲线、螺旋线等，不管是哪种曲线，都具有不同程度的动感，具有轻松、含蓄、优雅、华丽等艺术特征。

曲线，在有限的滨水空间中能够最大限度地扩展空间与时间，特别是在地势起伏的滨水空间中，曲折的道路营造出了一种含蓄而灵活的意境，而这些就是"曲线"那奇妙的魅力所造成的。值得注意的是，曲线设计切忌故作曲折，矫揉造作，要顺其自然，曲折有度，灵活应用，这样才能引人入胜。曲本直生，重在曲折有度，曲线是美的线，但在表现时必须符合美学法则，同时应尽可能展现线的美感特征。在线条的起、承、转、合中表现出线的气韵、线的旋律、线的动态等。

（三）城市滨水景观中的面

1. 几何形平面在滨水景观中的应用

几何形平面包括直线形平面和几何曲线形平面，在城市滨水景观中一般都是同时存在的。几何形平面可以分为对称规则型和不对称形两种。对称型的平面一般常出现在比较庄重的场合中，如一些纪念性的广场，直线形的组合能够烘托出一种肃穆、庄严的气氛。直线形平面广场最忌空旷、单调和冷酷无情，因此，应该以方圆造型的花坛、雕塑等来美化装点广场，使游人在规矩方圆之中产生安全、依赖的秩序感和亲切感。

在滨河、滨江地区，水面也形成了几何形的平面，水中的倒影增加了空间平面的层次感。

2. 自由曲线形平面在城市滨水景观中的应用

与几何曲线平面一样，自由平面在城市滨水景观中的地位也是举足轻重的。自由曲线形平面充满了自由、流畅、优雅、浪漫的情调，波光粼粼的水面、翠绿如茵的草坪、舒展的广场、传统或现代的建筑群落，是构成整个滨水区的重要元素。

在滨湖、滨海空间中，也存在着自由曲线形的水面，池岸随势随形，水面或动或静，波光粼粼，勾勒出曲折窈窕的水面轮廓，形成了园林中开朗明净的空间，周围山石垂柳倒映成趣，一叶扁舟穿行于桥梁的倒影之中……这些动与静交织的画面更显出滨水区的自然幽雅，这是只有在自然水体中才能体现出的特殊意境。

滨水空间中的草坪是由另一个重要的"面"的组成，如同一张绿色地毯，使人豁然开朗，心旷神怡，人们可以在此野餐、打球、散步，同时在草地上尽情地欣赏风光。

（四）城市滨水空间中"体"的实现

滨水空间设计的步骤一般是：平面布局—立体造型—空间组合。在构思时均需通盘考虑，不可截然分开。滨水空间中的"体"是由多个面组成的，但也可以是由点、线堆积而成的，只有结合现代设计理论，将点、线、面元素有机地结合在一起，仔细推敲其在平面上的位置、立体中的构成、空间中的组合，使它们在虚实气势上达到平衡，在疏密大小上恰到好处，然后选取最佳"构成"，作为设计方案来进行整体规划，才能实现滨水景观中"体"的完善组合。

六、城市滨水景观中的绿色空间

（一）城市滨水景观绿化设计的作用和目的

绿化给城市滨水景观带来了各种各样的效果。绿化具有实用等功能，更具有心理调节的功能，起着维持生态平衡、美化环境的作用，创造了丰富而和谐的美景，并增强了人们的自然意识。在滨水景观中，绿化更起着防洪的重要作用。

由于在滨水景观中水体占了很大的比重，因此，绿化在滨水景观中的生态作用远比在城市其他区域小，在滨水景观中绿化的主要目的就是点缀与连接，绿化是滨水景观中联系水陆两个不同空间的生态枢纽，可以将两个形式迥异的生态圈连成一个整体。

（二）城市滨水景观绿化设计的分类

1. 绿色地毯

将草坪称之为绿色地毯是当之无愧的，它是环境景观绿化中最底层的构成要素，也是在大型环境景观绿化设计中运用最普遍的元素。

在城市滨水景观中最可能运用绿色地毯的就是自然驳岸。我们一般不提倡进行大片的草坪设计，因为这会降低主体自然景观——水体的吸引力，但是在自然形的驳岸中，却必须运用种植草皮这一手法，以免水土流失，同时其还可起到美化的作用。其实这在外国的滨水景观中是很常见的，其绿化一般布置得比较开阔，以草坪为主，乔木种植行比较稀疏，在开阔的草地上可以点缀修剪成形的常绿树和灌木。在滨水景观中所规划的草坪一般是使用性草坪，所谓使用性草坪就是开放的，可供人入内休息、散步的草坪，其中一般种植有叶细、韧性较大、较耐踩踏的草种。

2. 绿色雕塑

"绿色雕塑"原来是指在意大利和法国的园林中，常将树木从根到梢修剪成几何形状，将其表示为各种不同形态，它常与草坪相呼应，形成高差，错落有致。树木可以分为乔木、灌木、地被植物等，树木对气候的调节和对人的心理调节有很大作用。树木的配置方法多种多样，主要有孤植、对植、丛植和篱植等。

在滨水景观的绿化中要注意选用适于低湿地生长的树木，如垂柳等，在低湿的河岸上或定期水位可能上涨的水边，应特别注意选择能适应水湿和盐碱的树种。另外，不能由于过度种植阻碍了朝向水面的展望效果。对于滨水区的种植绿化，对树木的种类（高度及枝叶状况）和种植它们的场所要进行充分考虑，须保证水边眺望效果和通往水面的街道的引导，保证合适的风景通透性，因此在滨水景观中一般只用孤植、对植及丛植的配置方法，一般不用中高的篱植，矮篱植的运用也较少，只是在一些必须进行隔离的地方才会运用矮篱植。一般在滨水路绿化中，要将绿化设置得富有节奏感，避免林冠线的单调闭塞，如可运用不等距的种植方式排布高大的树木，或者采用不同种类的树木相互穿插种植，以形成绵延起伏的林冠线。

3. "花"之世界

所谓"花"是指花坛、花池、盆花等主要运用花卉并配以其他植物的绿化造型。花坛、花池通常是环境景观立体绿化中主要的造型因素，它在各绿化要素中比草坪高，但在立体绿化中处于较低层，它一般的高度在 0.5～1 m。

花坛、花池的造型丰富，可以随不同的环境景观而变化。它的基本形式有花带式、花兜式、花台式、花篮式等，可以固定也可以不固定。花坛、花池的组合形式有单体配置、线状配置、圆形/曲线型配置、群体配置、自由组合配置和绿地景观槽等。

在自然水体的蓝色和草坪、树木等的绿色中，花形成了绚烂缤纷的色彩，是滨水景观中色彩的点缀品，而且各式各样的花坛、花池的造型，规则的几何形态、不规则的自由式，这些灵活的组合方式使滨水景观的立面形态设计更加丰富。单体的花坛形体不要太大，以免喧宾夺主。

4. 空中走廊

空中走廊主要是指花架（也称为绿廊）。在夏天为了给人们提供休息、遮阴、纳凉的场所，也为了增加立体绿化的层次感，在滨水景观中，绿廊的设置比较普遍，设计师正是利用了绿廊的点缀特质。同时，花架还可以联系空间，并使空间有一定的变化。

5. 屋顶花园

屋顶花园一般指建筑物上的绿化设施。滨水区一般是黄金地段，因此滨水区成了标志性建筑的集结地，而屋顶花园就成了滨水景观中最高层的绿化元素。在城市用地紧张的情况下，为了扩大绿化面积，常会采取屋顶绿化、窗、墙垂直绿化等手段和组合式屋顶花园等形式，利用建筑物向立体发展，向空中拓宽的方式进行绿化。

（三）城市滨水景观绿化设计的艺术手法

1. 点、线、面结合

"点"指小绿地，如广场中的花池、花坛等的点缀，在大的滨水区域中，也可能存在商业区、工业区等功能性区域，而这些区域也会存在小公园绿地，这些也属于"点"绿化的范围。根据每个景点的规划意境，对景点周围植被做重点处理。如果要体现色彩斑斓的景致，就应该着重于树形的高低错落、色彩搭配，点缀成片彩花；又如可以在大海沙滩旁广植棕榈，以形成整洁明朗的热带景观；再如可以在大草坪的边界缀以枫杨、鹅掌楸、红枫等绿色叶树，在中央孤植香樟、枫杨等大型乔木，丰富草坪景观。

"线"就是指成线形排列的绿化布局，如道路绿化、驳岸绿化和一些花带形的绿化，也包括一些生态走廊，如花架等。这在滨水景观的设计中是很常见的，人们最喜欢的就是在水边散步，因而几乎在所有的滨水区都有滨水大道。

所谓的"面"，指的是大面积的绿化，如自然生态驳岸中的大片草坪，以及一些大型滨水区所出现的景观林、经济林。另外，生态湿地植物也是"面"的重要组成部分，湿地物种的多样性形成了丰富的植被层次，创造了最自然、最原始的植被景观效果，融观光、游憩、认知于一体。

在滨水景观的绿化设计中，要注意点、线、面的结合，大片的草坪与高大的乔木相互映衬，形成了鲜明的对比，使远处的会展中心黯然失色，这就是点和面相结合的典型例子；建筑物上的鲜花带与地面的花坛和花盆组合形成了点与线的组合，营造了一个色彩丰富的空间。我们可以看到，在滨水空间绿化中，点、线、面相结合的很好的例子，其在滨水空间塑造了一派绿意盎然的气息。由此可见，单纯的点、线或面的绿化会给人以死板的感觉，只有将这些元素有机地结合起来，才能够在滨水景观中规划出一个生机勃勃的绿色世界。

2. 对比和衬托

利用植物的不同形态特征，运用高低、姿态、叶形叶色、花形花色的对比手法，可以配合环境景观以及其他要素整体地表达出一定的构思和意境。

高低、姿态的对比可以是同一种树种之间的对比，也可以是不同种类的树木相互结合，相同的树种由于高度的不同形成了多变的林冠线，与蓝色的水面和天空形成了一幅风景画。

3. 韵律、节奏和层次

景观植物配置的形式组合应注重韵律和节奏感的表现。同时应注重植物配置的层次关系，尽量求得既要有变化又要有统一的效果。

在三亚湾滨海地区，植物的分布就有着明显的层次感，在横向的水平结构中，最靠近滨海路的是人工椰林加工草地，中间是砂土生刺灌丛与人工椰林的结合，在靠近海滩的地方是砂生草丛；在竖向结构上，上层是人工椰林，下层是砂土生刺灌丛，下垫层是砂生草丛和人工草地。这样层次分明的绿化组合，高低错落有致，既起到了保护海岸的作用，又在海滨形成了一道亮丽的风景。

4. 色彩和季相

植物的干、叶、花果色彩丰富，可采用单色表现和多色组合表现，使景观植物色彩配置取得良好的图案化效果。要根据植物四季季相，尤其是春、秋的季相，处理好不同季节中可观赏到的不同植物色彩，以产生具有时令特色的艺术效果。

第七章　室内环境设计实践研究

室内环境设计的目标是创造能够满足人们在物质上和精神上的生活需要的建筑内部环境，创造美丽又适宜的生活空间。它是设计的延续和深化，是对室内环境的再创造。本章分为室内环境设计理论、居住空间环境设计、办公空间环境设计、商业卖场空间环境设计、酒店空间环境设计五部分。主要包括室内环境设计的历史与发展、居住空间设计光环境的营造、办公空间的功能空间构成、商业卖场空间的功能空间构成、酒店空间设计的原则。

第一节　室内环境设计理论

一、室内环境设计的历史与发展

（一）古典主义时期室内空间环境设计

几千年来，人类为了自身需要建造了各种建筑。陕西半坡遗址的方形房屋是最原始也是最简单的建筑形式。这种房屋根据使用情况被划分为了睡觉和休息两个区域，已经产生了合理的内部空间布局，体现了居住环境的功能性。在室内空间就可以看出新石器时代的绘画、手工艺等原始艺术已经渐渐繁荣起来了。洞穴、墙壁以及生活用品上的图案说明了人类自从建筑初期就非常重视对室内艺术美的追求。随着人类建筑能力的逐步提高，室内的装饰也越来越美丽，越来越实用。

中国的地域范围广阔，人口众多，各种类型的民用住宅根据不同的地域特征呈现了各具特色的人文色彩。尤其是木架结构的房屋，其显示出了淳朴自然的风格，其中梁和柱子起到了承重作用，墙体起到了维护作用，内部空间合理划分，并且非常宽敞。在梁、柱上刻上各种美丽的图案，在天花板等地方画上美丽的彩绘。家具、字画和物品的摆放也非常注重审美，从而可以营造出优雅的室内空间氛围，体现出中国传统文化的特征。

西方建筑中，最经典的装饰结构是古希腊的柱式，古罗马的拱柱廊。建筑、雕刻、绘画等艺术形式随着15世纪中期文艺复兴运动的开始取得了巨大的成就。各种建筑风格以及各种艺术手段相互融合，产生了新的表现方式，显现出了华丽高雅的艺术效果。17世纪，以浪漫主义精神为基础的"巴洛克"建筑风格，表现出了一种动态的美，富有热情，风格华丽。常常搭配着大理石和色彩斑斓的织物，还有奢华的地毯和丝绸，再加上雕刻着丰富图案的家具和美丽的油画以及精美的装饰等，使室内变得富丽堂皇，室内装饰在18世纪开始从这种奢华的风格转向了柔和淡雅的色调。

（二）当代的室内空间环境设计

随着工业革命的兴起，18世纪末期手工生产被机器生产代替，装饰理念跟随着这种变化而发展。19世纪末期，现代主义建筑理念趋于理性，更重视建筑的功能性。钢材、混凝土、玻璃等大量新材料的出现促进了现代室内设计的诞生。20世纪，建筑室内与室外的风格逐步统一，建筑内外墙面的装饰被简化。设计师在大量运用新材料的同时，更加注重室内空间的实用性。设计师更多考虑到的是空间的相互渗透关系以及人与环境的协调关系，而不再将对财富的炫耀作为装饰的唯一目的。设计师开始向如何充分合理地利用空间，创造舒适的生活空间，营造平和舒畅的室内环境氛围的目标转变。

在此之后，随着社会发展，室内环境设计开始与各种学科相融合，各种室内功能也变得复杂繁多了起来。室内环境设计逐渐成为艺术设计中的一个单独的门类。20世纪末期，工业发达国家倾向于追求高度的情感表达和高科技的运用，而发展中国家更倾向于在本土文化的基础上进行创新。当代的室内空间环境设计已经成为集合了空间的功能与视觉的审美为一体的不可分割的整体设计。

（三）发展前景

21世纪，经济、信息、科技、文化同时发展，这个时代最为显著的特征就是统一多元化。室内设计成为人类生存环境系统中的一个重要组成部分。人是空间的主角，科技只是一种工具，未来的室内设计是以人为主的设计，多元的设计应该是更民主、更自由、更开放、更重视人性和情感追求的设计。从环境保护的角度出发，未来的室内环境艺术设计应该是种"绿色设计"：第一层含义是，现代室内环境所采用的装饰材料要求清洁环保。同时，倡导节约和循环利用。第二层含义是，在倡导适度消费的基础上，要注重生活质量，同时如何创造生态建筑使室内空间系统达到自我调节的目的，实现可持续发展，这是整个世界在 21 世纪面对的重大课题。

随着新材料、新技术的不断开发，以及人们对室内空间的物质和精神功能要求的不断提高，现代室内环境设计发展的速度大大加快了，同时也要求设计师创造出更加舒适、健康、适用、美观，具有文化内涵的室内环境作品。

总之，人类对自身环境的改造是在不断探索与实践中由低级到高级的进化过程。室内环境设计发展到今天，已经形成了一个融合技术与艺术等多领域的综合艺术学科。人们开始认识到，良好的室内空间是一种高品质的物质环境，是科学与艺术的结晶。

二、室内环境艺术设计的相关理念

（一）室内环境艺术设计的含义

1. 环境的概念

环境具有两层含义：一层是指周边的区域，另一层是指周边的事物，尤其是人和生物的周边具有相互影响作用的外部世界，又可分为自然环境和社会环境。从物理学角度出发，环境可分为自然环境与人为环境；从心理学角度出发，可分为物理性、地理性环境和心理性、行为性环境；从生物学的角度出发，可分为光、温度、气压、水、土的生物环境和无生物环境。此外，把环境广义化，还可分为社会环境，城市环境、乡村田园环境、乡土民俗环境和人文环境等。环境设计包括的范围有建筑设计、室内设计、景观设计、植物、生态保护等。

2. 室内环境艺术设计的概念

室内环境艺术设计是室内空间的创造方式，这种创造方式趋于理性。室内环境设计是从人类的生产生活出发，运用一定的物质技术手段与经济能力，以科学为基础，以艺术为表现形式，根据对象所处的特定环境，有意识地对内部空间进行创造和组织的理性创造活动，以营造理想的室内环境，满足人们的物质功能需求和精神功能需求。

现代室内环境艺术综合了人体工程学、建筑学、心理学、材料学、社会学、民俗学和艺术美学等多领域学科。它是建筑设计的微观层次和深化拓展，随着时间的推移、空间的转换和其他综合因素的影响，运用不同的创造手法，呈现出了不同的个性风格和特色。应该说，它是科学、艺术和生活结合而成的一个完美的整体。

（二）室内环境艺术设计与建筑

室内环境艺术设计与建筑有相互依存的关系，同时又有着各自的特点。建筑是向外扩张空间占领空间，室内环境艺术设计是在建筑所约束的空间进行再次分割，它是建筑设计的继续和深化。建筑犹如容器的外表，而室内设计就是容器的内容；室内设计完善和丰富了建筑设计概念，二者密不可分。在做室内环境艺术设计之前，必须充分理解原有建筑设计意图，分析建筑物的总体布局功能，深入了解人流动向及结构体系，这样才能在做室内设计时对空间和平面布置予以合理的调整、完善和再创造。

（三）室内环境艺术设计的内容

1. 空间构造

建筑是构成室内空间的本体。室内环境设计因受经济、材料、技术等因素的制约，必须充分考虑建筑构造对空间造型的影响。其中，柱子的间距、直径、高低以及梁板的厚度都对框架结构的室内空间的塑造影响重大。在框架结构的建筑空间里，在柱子与梁上做处理来构造室内空间的序列、大小、高低是常用的手法。界面设计对砖混构造的建筑非常重要，因为设计在这类建筑能够发挥的空间非常有限。

2. 环境系统

室内环境系统包含自然环境因素和人工环境因素两个因素。室内环境系统的设置影响着室内设计的空间形态。空间构造也制约着室内环境系统的设置。室内环境系统包括采光与照明系统、电器系统、给排水系统、供暖与通风系统、音响系统、消防系统。

（1）采光与照明系统

采光与照明系统对室内环境氛围有重要的作用。它影响着室内光线的强弱和明暗以及光影的虚实和色彩，更影响着室内的光照质量。开窗的位置和开窗的形式会给自然采光带来制约，而电气系统和灯具的选择会给人工采光带来制约。

（2）电气系统

电气系统是现代建筑人工环境系统的核心。家电等各类设备的运行都依赖于它。室内设备和照明会受到强电系统的功率的影响，室内空间的造型和视觉形象会受到弱电系统的设备位置的影响。

（3）给排水系统

在室内设计时要充分考虑到上下水管与楼层、房间的相互对应的位置关系，排水系统如果出现故障会影响人们的生活质量。

（4）供暖通风系统

供暖与通风系统在人工环境系统中的体量最大。室内空间造型的视觉形象会在很大程度上受到供暖与通风系统的占用空间和各类管口的位置的影响。

（5）音响系统

建筑声学和电声传输是音响系统的两个重要部分。声音的传播与建筑构造的室内空间形态关系紧密，隔音吸音的效果会直接受到界面装饰构造和装修材料的影响。

（6）消防系统

消防设备是非常重要的，在室内环境设计中，烟感警报系统和管道喷淋系统必须避让消防设备。

3. 装饰设计

室内装饰着重于工程技术、施工工艺和构造做法等方面。装饰设计的主要内容是采用不同的材料，依据一定的比例尺度，对室内各界面、隔断、门窗等做最后的封装设计。

4. 装饰陈设设计

装饰陈设设计包括对室内空间进行装饰设计和对室内物品进行陈设设计两方面的内容。家具，纺织品、艺术与工艺品和室内绿化都被运用到了装饰与陈设之中。这些物品不但兼具实用与观赏功能，同时也可以柔化人工环境，协调人们的心理平衡，营造室内环境氛围，形成设计风格。

（四）室内环境艺术设计的分类

室内环境艺术设计依据建筑性质和使用功能的不同可以划分为以下三种类型。

①居住空间设计。居住空间在建筑类型中可分为别墅、公寓、组合庭院等。

②工作空间设计。工作空间可简单地分为白领阶层工作的办公空间和蓝领阶层工作的厂房空间两类。

③居住空间设计。居住空间内容丰富，类型复杂，根据不同的功能可以分

为：购物空间、餐饮空间、娱乐空间、医疗空间、文化空间、体育空间、展览空间等。不同类别的室内环境在设计标准和设计要求上也会因为其性质的差异而各有不同。

（五）室内环境艺术设计的风格流派

室内环境艺术设计风格流派的形成往往具有地域特色、时代人文特色以及自然特色，它主要有以下几个风格。

1. 新古典主义风格

新古典风格是在传统装饰风格的基础上，进一步强调传统美学的运用。新古典主义风格为了达到传统装饰美学的效果，更加突出建筑装饰在空间中的运用，虽然这是新古典主义风格，但这也是为了展示传统设计端庄和典雅的效果。

新古典主义风格不排斥在建筑结构和装饰材料中与现代技术和现代材料融和，因为有的人习惯现代空间的使用并且习惯现代化的居住空间的功能，但总体的设计效果还是呈现的是古典主义的风格。

2. 现代主义风格

1919 年现代主义风格产生了，这种风格是在俄国构成主义和荷兰风格派的基础上形成的。现代主义风格打破了传统风格更加强调创造新形式，更加重视空间的规划功能，注重空间本身的形式美，在造型设计上简洁明了。

现代主义风格反对在空间设计上追求华而不实的工艺，更加注重材料本身的质感和色彩的搭配。现代主义风格延续运用了非传统功能布局中不对称的设计方法，也是为了和工业生产能够联系，也更加符合现代人生活的审美。现代主义风格深受人们生活方式和生活观念的影响。

3. 后现代主义风格

在现代居住空间设计中更加流行后现代主义风格，后现代主义风格的形成主要是基于现代主义风格的发展，后现代主义风格与现代主义风格相比，前者更加追求实用性和视觉审美的结合。

后现代主义风格不局限于传统风格的逻辑思维方式，更加注重建筑或室内的装饰的历史延续性。我们能够在后现代主义风格中体会到更多的人情味，因为后现代主义风格与非传统混合，运用隐喻等手段，将感性和理性融入了建筑中，将传统和现代建筑形象融为一体，能够鲜明地体现出它的特点。

4. 自然主义风格

我们大多数人将自然主义风格又称之为"田园风格"，自然主义更强调的是在空间设计中与大自然相融合，能够真正地体现自然美，在装饰材料中也偏向自然性和天然感，在装饰技术上多采用手工化技术，能够体现出自然主义风格简易化的特点。

在自然主义风格中更多使用的是手工装饰品，这样能够在空间中营造出淡雅、纯真、舒适的氛围，这也是自然主义风格最大的特征。

5. 混合型风格

混合型风格即在居住空间设计中采用多元化风格，不仅具有现代化风格的实用性，又能汲取传统的风格，在装饰陈设中将古今中西的物件融为一体，能够在空间设计中呈现出不同的美感。

混合型风格在空间设计中别具一格，混合型风格运用多种手段将不同的设计风格融入一起，深入将色彩、材质、形态各个方面融为了一个整体的视觉效果，并且混合型风格追求经济、实用和美观。

（六）室内环境设计的现代流派

1. 光亮派

光亮派是指在空间设计中对材料和工艺的光亮效果上有一定的要求，此流派会在室内中运用大量的玻璃、镜面、抛光石材等装饰材料，也会利用灯具和光源形成光彩夺目的室内环境。光亮派更加追求丰富、戏剧性的艺术效果。

2. 白色派

白色派在居住空间设计中也被人称为平淡派，因为这种流派在室内设计中会运用大量的白色元素作为基调，比较简洁朴素，但又感受到其中的微妙变化。

由于白色派以白色为基调，所以能够让人们在其中感受到纯净、文雅，在这样的环境中能够让人们的心平静下来，并且会产生美的联想，所以在现代生活中白色派深受大家的喜爱。

白色派的空间设计不仅在空间设计上过于简化，在室内的装饰上也更多运用的是简化风格的陈设饰品。白色派选用白色对空间表面进行处理，具有更为深刻的思想内涵。

3. 风格派

风格派的空间设计更加注重色彩和造型方面的设计，有鲜明的个性特征。

风格派认为人们的生活环境是真实的，倾向于将这种真实的生活环境生活化。风格派在对室内装饰和家具进行选择时常采用集合的形式。

三、室内空间界面设计

室内空间界面主要包括底界面、侧界面和顶界面，每个界面都有自身独特的作用和特点。室内空间界面的设计，一方面在造型上需要美观，另一方面在技术上也是有严格的要求的。在界面设计方面，需要对线形进行设计，还需要对色彩进行设计。在选材方面，需要根据不同的材料进行选择和设计，并且需要一定的构造设计将这些材料运用起来。影响室内空间造型风格的一个重要因素就是室内界面的设计，所以在界面设计的过程中，必须要结合实际的空间特点，根据大环境的整体要求，将多种因素考虑进去，这样才有利于创造既美观又实用的室内空间。

（一）室内空间界面的要求与功能特点

在室内空间设计中，一方面要考虑各个界面的共性，满足各界面之间的相同需求，另一方面还要满足和符合各个界面在使用功能上的自身特征。

1. 各类界面的共性要求

①耐久性及使用期限。

②具备防火性能。

③无毒，不会发散有害气体。

④无害的核定放射剂量。

⑤易于施工安装或加工制作，便于更新。

⑥必要的隔热保暖、隔声吸声、防潮防水性能。

⑦装饰及美观要求。

⑧相应的经济要求。

2. 各类界面的不同功能特点

①底界面（楼地面）：耐磨、防滑、容易清洁、防止静电等。

②侧界面（墙面）：阻挡视线，具有较高的隔声、吸声、保暖、隔热要求。

③顶面（平顶，天棚）：质轻，光反射率高，具有较高的隔声、吸声、保暖、隔热要求。

（二）室内空间界面的处理及其感受

人对室内空间环境氛围的感受往往不会具体的、单一的注意到某一方面，而是一种整体上的综合感受。这些感受包括很多方面，有不同建筑空间形状给人带来的不同感受，也有不同实体界面给人带来的不同感受。比如，室内的采光设计、照明设计以及室内选用材料的质地和颜色的因素，还包括界面本身的形状的设计因素以及线脚和界面上的图案肌理等因素，均会使人产生关于室内界面的感受。

1. 材料

所有的设计都需要通过材料来实现。材料最重要的性能是质感。质感是人对材料的一种主观上的感受。质感的运用与材料的运用是密切相关的。为了配合室内空间的整体需要，任何材料都要谨慎地选择和正确地使用。在建筑装饰材料业飞速发展的大背景下，室内设计中运用的材料种类非常多。常见的室内装饰材料的质感有粗糙、光滑、柔软、坚硬、光泽度、透明度、弹性、肌理等方面的特性。室内界面的处理往往会用到一种以上的材料，在搭配界面材料时可采用的手法有三种，分别是：同一种材质的组合手法；相似质感材质的组合手法；对比质感材质的组合手法。

2. 各类界面的设计要点

（1）底界面的装饰设计

首先要根据空间的性质考虑使用上的要求，比如，居住空间人流量非常大，磨损率非常高，为了延长空间的使用寿命，保持空间的美观以及保证人们的安全，地面应该着重考虑耐磨性和防滑性；厨房和卫生间的地面经常会洒上水和各种调料，并且属于比较潮湿的日常生活空间，为了降低湿度，延长空间使用寿命以及防止人们在使用这些空间的时候发生跌倒等，空间的地面要求有较高的防水、防滑、耐酸碱能力。

其次在线形设计方面，如果楼内地面面积较大，必须慎重选择和调配图案、质地和色彩，因为这些因素会影响整个空间的氛围以及影响使用这个空间的人的情绪和心理。

（2）侧界面的装饰设计

侧界面又称垂直界面，一般面积较大，距人较近，又常有壁画、雕刻、挂毡、挂画等壁饰，侧界面装饰设计在遵循一般原则的基础上，还应在造型、选材等方面充分体现设计的目标。

（3）顶界面的装饰设计

顶界面即空间的顶部。首先，顶界面设计在很多特别的建筑中要考虑照明和声学方面的要求。其次，进行顶界面处理时要注意建筑技术与建筑艺术统一。

四、室内空间色彩设计

色彩在给人的视觉感染力方面比形态和材质给人的感染力更加强烈，有更直接的视觉效果。许多室内环境通过色彩变化产生的各种色彩形象能烘托出不同的空间气氛和情调。

（一）室内空间的色彩设计

只有正确处理各种色彩之间的关系才能使室内色彩设计取得良好的效果，解决协调与对比的问题是关键。

1. 设计方法

室内环境的色彩可以分为背景色、主体色和强调色三大类。背景色起烘托作用，通常用在室内大面积的部位，宜采用高明度，低彩度的色彩；主体色用在中等面积的部位，以体现室内情调，宜采用高彩度，中明度，较有分量的色彩。

2. 配色方法

①单色相配色法。这种方法指的是室内空间采用某一色相为主的色调进行调配的方法。

②类似色配色法。这种方法指的是选择两三种在色环上互相接近的色，并通过其明度与彩度的配合使室内产生一种整体上看很统一，仔细看又富有变化的效果。

色彩的设计手法成本最低，经过合理的色彩搭配，能创造出意想不到的室内环境效果。

（二）室内空间色彩设计应注意的问题

1. 充分考虑空间的功能和性质

在设计室内的色彩之前应在多方面进行深入的了解。比如要了解空间的功能，这个空间具体有什么样的使用作用，如果是办公环境，就要选择简洁明亮的色彩，如果是卧室就要选择能营造静谧温馨氛围的色彩，如果是某种彩色灯光聚集的娱乐场所，就很可能需要采用黑色等深色背景色。还要了解空间的大小，一般来说，如果空间较小，就应采用比较明亮的色彩，空间很大就应用比较沉稳的色彩。还要考虑空间所处的位置与环境色的情况，空间内的色彩应该与大环境的背景色协调统一，相互融合，给人舒适的美感。除了这些还要了解空间的形式、方位，使用者的类别、使用者在空间内的活动及其使用时间等多个方面。色彩的设计只有符合了这些功能要求，才能将色彩的作用真正发挥出来。

2. 密切结合建筑材料

与作画不同，配置室内色彩需要考虑界面、家具、陈设的材料。一方面，相同的色彩可以在不同质感的材料中呈现出不同特点，在整体风格统一协调的基础上，变幻出微妙的变化。另一方面，提倡减少后天的加工和雕琢，充分运用材料的本色，呈现材料的天然个性，使色彩关系产生自然的美感。

第二节　居住空间环境设计

一、居住空间设计光环境的营造

光不仅可以满足人们照明的需要，还可以起到构成空间、改变空间、美化空间或破坏空间的作用。光可以直接影响物体的视觉大小、形状、质感受和色彩，同时还可以表现和营造室内环境的气氛。

（一）营造自然光环境的作用

自然光在室内可以营造成一个光环境，满足人们视觉工作的需要。从装饰角度讲，自然光除了可以满足采光功能之外，还可以满足美观和艺术上的要求，这两方面是相辅相成的。

（二）界定空间

在居住空间中，界定空间的方法多种多样，自然光可以作为界定空间的方式之一。在不同的时间，不同的区域中自然光线具一定的独立性，可达到构建虚拟空间的目的。

（三）改善空间感

自然光线的强弱与色彩等的不同均可以明显地影响到人们的空间感。例如，当日照充足的中午，自然光线直射时，由于亮度较大，较为耀眼，给人以明亮、紧凑感。自然光线略有不足之地，光线照射墙面之后再反射回来，会使空间显得较为宽广。

自然光线会给室内增添不同于人工光线的感觉，柔和的自然光线会形成安静、温暖的氛围。在较低的空间中，自然光线的引入会使空间有高耸感。在空荡、平淡的空间中，自然光线的引入、光影的变幻会使空间显得灵动与活泼。自然光线在不同时间、不同角度的照射会给人以不同的空间感。

（四）烘托环境气氛

合适的自然光线引入居住空间后，不仅能起到节约能源、绿色环保的作用，还能使各个界面上照度均匀、光线射向适当、无眩光阴影、方便、安全、光线不造作、美观、与建筑协调。利用自然光的变化及分布可以创造各种视觉环境，加强室内空间的氛围。利用自然的光与影可以创造出一个完整的建筑室内外的艺术作品，产生特殊的格调并加深层次感，使室内气氛宁静且不喧闹。

当光线明亮且焦点集中时，会让人有中心感和被重视感，也会让人变得更加自信，但是也有可能使人感到不安和不适。因为明亮的光线对人具有刺激性和吸引力，但是如果过度使用会使人在心理和生理上产生厌倦感和困扰情绪。晦暗的灯光令人感到放松、平静、亲密且浪漫，但灯光过度的晦暗可能会使人感受到抑郁、惊恐或不安。透光的孔洞、窗户，某些构件、陈设、植物等，在特定光线的照射下，能够出现富有魅力的阴影，被投射到地面、墙面，组成有韵律的图像时，能够大大地丰富空间的层次，烘托氛围，使空间更具活力。

室内环境因空间功能性质的不同，审美要求也就不同，而良好的照明设计能烘托出良好的空间氛围和意境。

（五）合理组织空间

灯光可以形成各种虚拟空间。照明方式、灯具类型的不同可以使区域具有相对的独立性，能够成为若干个虚拟空间，还可以在一定程度上改善空间感，如直接照明使空间显得平和、亲切、紧凑，间接照明使空间显得神秘、幽静。暖色灯光使空间具有温暖感，冷色灯光使空间具有凉爽感。另外，灯光还能起导向作用，通过灯光的设置，可以把人们的注意力引向既定的目标或既定的路线上。良好的照明设计可以合理地组织空间。

（六）体现地域特色

不同国家、不同地域、不同时期的灯具都有各自的特点，因此，灯具的不同形状还可以具体地体现出室内环境的民族性、地域性和时代性。如中国的宫廷灯具，欧洲古典枝形吊灯等都是体现地域特色中不可多得的元素。

二、居住空间设计中的人工照明

灯具是室内环境中人工照明主要使用的设备，除了有使用价值外，也有重要的装饰价值，更重要的是，能影响人的心理感受。所以它既是人工照明的必需品又是创造优美的室内环境所不可缺少的设备。人们在工作、学习、休息、娱乐等各种环境中的照明灯具的类型各式各样，对光、色、形、质的要求也各有不同。灯具随着新技术、新材料日新月异的发展，呈现出了千变万化、花色繁多的特点。

（一）照明设计基本知识

1. 照度

照度是指物体被照亮的程度，是单位面积上所接受的光通量，反映了被照物的照图水平，单位为勒克斯（Lx），照度水平一般可作为照明质量最基本的技术指标之一。

2. 亮度

亮度是人对光的强度感受，是一种主观评价和感受，指的是发光体（反光体）表面发光（反光）单位面积上的发光（反光）强度，反映了光源或物体的明亮程度。

室内的亮度分布是由照度分布和表面反射率所决定的。

3. 光色

光色是指光的颜色，可用色温（单位：k）描述。

光色能够影响环境的气温，如含红光较多的"暖"色光（温）会使环境有温暖感；含"冷"色光较多的光，能使人感到凉爽等。

正常状况下选择光源的色温时，照度高时，色温也要高；照度低时，色温也要低。否则，照度高而色温低，会使人感到闷热，照度低而色温高，会使人感到惨淡、阴森、恐怖。

4. 色性

光源的显色性是指光源显现物体颜色的程度，也指照明光对所照射物体或环境色彩的影响作用，用显色指数（Ra）表示。

Ra 的最大值为 100，值越高，表示显色性好。常用光源中，白炽灯 Ra 约为 97，白色荧光灯 Ra 为 55 ～ 85，日光色荧光灯 Ra 为 75 ～ 94。

（二）光源的形式

1. 白炽灯

白炽灯即常说的灯泡，是利用钨丝通电加热到白炽状态，利用热辐射而发光的。白炽灯色温较低，光色偏暖，色光最接近于太阳光色，易为人们所接受。它的优点是体积小，价格便宜、功率规格多、易于控光，可用多种灯罩加以装饰并可采用定向、散射、漫射等方式照明。白炽灯的主要缺点是发光效率低，寿命短、电能消耗大、产生热量大、费用高。

2. 荧光灯

荧光灯又称低压水银荧光灯，属一种低压放电灯，是由管壁荧光粉受紫外线激发而发光的。荧光灯的光色有自然光色、白色和温白色三种。荧光灯发光效率高。其寿命为白炽灯的 10 ～ 15 倍，光线柔和，发热量较少。荧光灯不但节约电，而且可节省更换费用。其缺点是光色偏冷，灯具较大，容易使景物显得单调、呆板、缺乏层次和立体感。

常用的荧光灯都有镇流器，分为电子和电感两种。电子镇流器具有起动电压小、声小、温度低、重量轻等优点，且比电感镇流器节电 10% 以上。

3. 虹灯

虹灯又称氖管灯，多用于商业卖场照明和艺术照明。霓虹灯的色彩变化是由管内的荧光粉涂层和充满管内的各种混合惰性气体引起的。虹灯需要用镇流器控制电压，耗电量大，但非常耐用。

（三）灯具的形式

1. 吊灯

吊灯是用吊线或导管将光源固定在天棚上的悬挂照明灯具。吊灯占用空间高度多，常用于高度较大的空间中。吊灯悬挂于室内上空，它具有普照性，能使地面、墙面及顶面都能得到整体均匀的照明。吊灯较其他灯具体积大，多用于整体照明，有些吊灯也可用于局部照明。吊灯因为多安装于室内空间的中心位置，是引人注目的自发光物体，又具有很强的装饰性，所以它的造型和艺术形式在某种意义上就决定了整个空间环境的艺术风格。

2. 吸顶式

吸顶灯是直接吸附在顶上的一种灯具，占用空间高度少，常用于高度较小的空间中。

吸顶灯光源包括带罩和不带罩的白炽灯以及有罩或无罩的荧光灯。灯罩的形式多种多样，有方、圆、长方、凸出于天棚外的凸出形、嵌入到天内的嵌入型等多种。

吸顶灯在使用功能及特性上与吊灯基本相同，只是形式上有所区别。吸顶灯具有广普照明性，可做一般照明使用。

3. 壁灯

壁灯是安装在墙壁上的灯具，分为贴壁灯和悬壁灯。壁灯也具有一定的实用性，如在室内局部灯具无法满足照明时，使用壁灯是个不错的选择。壁灯也具有极强的装饰性，不但可以通过灯具自身的造型产生装饰作用，而且灯具所产生出的光线也可以起到装饰作用。另外，它与其他照明灯具配合使用时可以起到补充室内光环境，增强空间层次感，营造特殊氛围的作用。壁灯品种千姿百态，可任意选配。

4. 台灯

台灯是安装在家具上的有座灯具，常放在书桌、茶几、床头柜上。台灯属于局部照明灯具，主要作为功能性照明使用，往往兼具有装饰性。台灯在多数情况下是可以移动的，同时还可以作为一种气氛照明或一般照明的补充照明。

5. 立灯

立灯也称落地灯，一般是以某种支撑物来支撑光源的。可以放在地上，并可根据不同的需要移动。立灯属于局部照明，多数立灯可以调节自身的高度和投光角度，很容易控制投光方向和范围，常放在沙发边上。立灯的式样有直杆式、抛物线式、摇臂式、杠杆式等。立灯在一般情况下主要作为功能性照明和补充照明使用，兼具有装饰性。

6. 镶嵌灯

镶嵌灯是装饰造型上的灯具，其下表面与顶棚的下表面基本相平，如筒灯、牛银灯等。镶嵌灯不占空间高度，属于局部、定向式照明灯具，光线较集中，明暗对比强烈。嵌入式灯具的优点是，它与天棚或装饰的整体统一不会破坏吊顶艺术设计的完美统一。嵌入式灯具嵌入天棚或装饰内部而不外露，所以不易产生眩光。

7. 投光灯

投光灯是能够把灯光集中照射到被照物体上的灯具，属于局部照明。投光灯一般分为两种：一种为固定灯座的投光灯；另一种为有轨道的投光灯。投光灯可以突显被照物的地位，强调它们的质感和颜色，增加环境的层次感和丰富性。投光灯光线较集中，明暗对比强烈。一方面被照物体更加突出，引人注意，另一方面未照射区域能得到相对安静的环境气氛。

8. 特种灯具

特种灯具是各种用于专门用途的照明灯具，可分为观演类专用灯具和娱乐专用灯具。观演类专用灯具一般用于大型会议室、报告厅、剧场等，如散光灯（或泛光灯），舞台上做艺术造型用的回光灯、追光灯，舞台天幕的泛光灯，制造天幕大幅景的投影幻灯等。娱乐专用灯具一般用于舞厅，如卡拉 OK 厅或文艺晚会演出专用的转灯（单头或多头）、光束灯、流星灯等。

（四）照明的方式

1. 一般照明

一般照明也叫整体照明，是指大空间内全面的、基本的照明，特点是光线分布均匀，空间场所宽敞明亮。一般照明是最基本的照明方式，一般选用比较均匀的、全面的照明灯具。

2. 局部照明

局部照明也叫重点照明。是专门为某个局部设置的照明。它对主要场所和对象进行重点投光，光线相对集中；亮度与周围空间的基本照明相配合。常使用方向性强的灯，并利用色光来加强被照射物表面的光泽、立体感和质感，其亮度是基本照明的 3 ～ 5 倍。

3. 混合照明

一般照明和局部照明相结合就是混合照明。混合照明就是在一般照明的基础上，为需要提供更多光照的区域或景物增设来强调它们的照明强度。

4. 装饰照明

装饰照明是以装饰为目的的照明，其主要目的不是提供照明度，而是增加环境的装饰性、增强空间层次、制造环境气氛。装饰照明可选用装饰吊灯、壁灯、挂灯，也可以选用 LED 灯、霓虹灯等，能够组成多种图案、显示多种颜色，甚至能够闪烁和跳动。使用装饰灯具时注意效果设置要繁华而不杂乱，并能渲染室内环境气氛，以更好地表现具有强烈个性的空间艺术。

5. 标志照明

标志照明的主要目的不是提供照度，而是为使用者提供方便，是具有明显指示或提示作用的灯具，一般常用于大型居住空间中，常在出入口、电梯口、疏散通道、观众席等处设置灯箱，用通用的图例和文字表示方向或功能的灯箱就属于标志照明。另外，对人们的行为有特殊要求的，如禁止吸烟、禁止通行、禁止触摸等提示灯箱也属于标志照明。标志照明应该醒目、美观，还要尽可能使用通用的文字、图案和颜色。

6. 安全照明

安全照明是一种用于光线较暗区域的照明，目的是以微弱的光线在不刺激使用者眼睛的情况下提供一定提示，如电影院观众厅走廊区域的地脚灯，宾馆客房走廊靠近踢脚的地脚灯等。

7. 应急照明

应急照明是在正常照明电源中断时临时启动的照明，主要用于商店、影院剧场、医院、展馆等居住空间中的疏散通道及楼梯等。

三、灯具的散光方式

（一）直接照明

直接照明的特点是全部或 90% 以上的灯光直接照射被照物体。其优点是光的工作效率很高，亮度大、立体感强，常用于公共大厅或局部照明。灯具下端开口的吸顶灯、吊灯、筒灯和台灯等皆属于这种类型。

（二）间接照明

间接照明是因光源遮蔽而产生的照明方式，先照到墙面或天花板，再反射到被照物体上。通常和其他照明方式配合使用可取得特殊的艺术效果。其优点是光线柔和，没有明显的阴影，暗设反光灯槽属这种类型。灯具上端开口的壁灯，落地灯和吊灯等都属于间接照明。

（三）漫射照明

漫射照明是利用灯具的折射功能来控制光线的眩光，将光线向四周扩散漫延。其特点是射到上、下、左、右各个方向的灯光大体相等，光线柔和，视觉舒适，半透明的球形玻璃灯属于这类。灯具采用乳白散光球罩的吸顶灯、吊灯和台灯等皆属于这种类型。

（四）半直接照明

半直接照明的特点是有 60%、90% 的灯光直接照射被照物。灯具光源下方是用透明的玻璃、塑料、纸等做成的灯罩。被罩光线经半透明灯罩扩散向上漫射。其光线比较柔和，剩余的发射光通量是向上的，通过反射作用于被照射物体上。半直接的照明方式在满足照度的同时，也能使周围空间有一定的照明。光环境明暗对比不是很强烈，但主次分明，总体环境是柔和的。灯具灯罩上端开口较小而下端开口较大的吊灯和台灯等皆属于这种类型。

（五）半间接照明

半间接照明的特点与半直接照明相反，半透明的灯罩在光源的下部，即 60% ～ 90% 的灯光首先照射在墙面或顶棚上，只有小于一半的光直接照射在被照物体上。半间接照明能产生比较特殊的照明效果，使较低矮的房间有增高的效果。灯罩上端开口较大而下端开口较小的壁灯、吊灯以及檐板采光等即属于这种。

四、居住空间家具设计

家具是人们生活和工作的必需品，人们的大部分活动都离不开对家具的使用。家具是室内环境的重要组成部分，对环境效果有很大的影响。

（一）家具的分类

家具可以按使用功能进行分类，也可以按材料以及构造来分类。室内家具的类型丰富，但都与人的各种活动密切相关，通常按其使用功能可分为以下几种。

①按使用功能分类。可分为四类分别是：坐卧类——支持整个人体的椅、凳、沙发、卧具、椅、床等；凭倚类——进行各类操作活动的桌子、茶几、操作台等；储存类——作为存放物品用的橱柜、货架、搁板等；展示类——陈列展示用的陈列柜，陈列架、陈列台等。

②按制作材料分类。可以分为木制家具、藤、竹家具、塑料家具等类型。

③按构造体系分类。可以分为框式家具、板式家具、充气家具等类型。

（二）家具在室内环境中的作用

1. 明确使用功能，识别空间性质

家具可以直接表达空间的性质。家具的类型及其布置形式能充分反映出空间的使用目的、等级以及使用者的喜好、地位、经济条件等特征。

2. 利用空间、组织空间

家具有的时候可以作为一种隔断，可灵活地分割和布置空间。家具可以使空间的层次更加丰富，趣味性更强。而且易于改变和运用。如果想要改变原有的空间设计或者空间功能，只要改变家具的选用或者改变家具的摆放就能轻松实现。

3. 塑造艺术风格

家具的风格也是在不断发展变化的，而家具是室内空间中占比很大而且是非常重要的一部分。所以，家具的风格也要与不断发展变化着的建筑风格相统一协调。

（三）家具的选配

一般情况下，专业的室内设计师并不是专业的家具设计师。但从整体设计的角度出发，又要求他们具备家具设计的知识和能力。所以，设计家具并不是室内设计师的主要任务，只是要求其从整体环境要求出发，对家具的尺寸、风格、色彩等提出要求，或直接选用现成家具，并就家具的布局提出具体的意见。

1. 确定类型和数量

一般根据家具的具体使用要求以及室内空间的大小、位置、方向等实际情况来确定家具的数量。比如教室、观众大厅等公共室内空间，家具的多或者少，是根据场所的大小以及学生的人数、观众的人数来进行控制的。为了有效地利用空间，同时又要让学生或者观众感到舒适，家具的大小尺寸以及家具摆放的行距、前后排距都要进行精心合理的计算和设计，甚至进行非常明确的规定和要求。

2. 选择合适的款式和风格

家具的样式会随着时代和技术发展不断的更新和变化，所以，设计师在进行室内空间设计时，首先要对家具的款式进行慎重的选择。在家具样式的选择上要多加考虑家具的使用频率，在经济上是否浪费，在风格上是不是与建筑的

整体风格相符合等。

（四）家具布置的基本方法

家具的布置，在某种程度上说，是对人们的日常行为的一种引导和规范，并且会对人们的日常行为产生深远的影响。同时家具的布置还能营造相对私密的空间，给人以安全感的空间，以及使人感到具有自我领域感的空间。

1.周边式

把家具沿着四周的墙壁依次布置，将中间的建筑空间的位置留出来，这样的摆放方式，可以使整体室内空间相对集中，方便人们的生活和行动，也方便布置的过程。

2.岛式

家具的摆放集中在室内空间的中间位置，而四周的位置是空的，不摆放家具。看起来就像大海中的一个小岛一样。这样的摆放方式使家具处于空间的中心地位，强调了家具的重要性和相对独立的特点和风格。并且这种摆放方式便于人们在四周走动，不会使中心地带的活动受到影响，也是一种非常便利的摆放方式。

五、居住空间陈设设计

（一）居住空间陈设的分类

1.纯观赏性物品

主要指不具备实用功能，但具有审美和装饰作用或具有文化和历史意义的物品，如艺术品、高档工艺品，绿色观赏植物等。

2.实用性与观赏性为一体的物品

指既有特定的实用价值，又有良好的装饰效果的物品，如家具、家电、器皿、织物、书籍等。

（二）居住空间陈设的选择与布置

每个陈设品都拥有独特的表现力，当陈设品自身的特点对室内空间起到了美化艺术效果和实用的功能效果时，它的艺术魅力和作用才能真正体现。如果想让陈设品的艺术效果发挥得更好，就要从多种陈列方式上进行细致的考虑。

1. 研究空间的风格与主题

由于不同的陈设品给室内空间带来了不同的功能，从而烘托了不同的气氛，在布置陈设品的时候，应根据主题有序地陈列，找到这些陈设品本身的逻辑关系，赋予陈设品灵魂，营造一种具体情境，使其像说故事般地呈现在相应的位置。

2. 考虑观赏效果

在大部分时候，陈设品起到了被人观赏的作用。所以，设计师在布置陈设品时应从使用者的观赏状态、观赏视线及观赏角度出发，寻找最佳角度和位置。

第三节　办公空间环境设计

一、办公空间的功能空间构成

随着社会的进步，人们的生活方式和工作方式都有了明显的变化，以现代工作理念和现代科技为依托的办公环境不断地为适应人的需求而变化着。另外，办公空间设计带来的办公模式多样而富有变化，在办公环境、行为模式方面让人们从观念上增添了新的内容和新的认识。

办公空间根据其功能通常划分为以下几个功能区域，每个大的功能区域又可细分出各个局部功能空间，如门厅、接待室、会议室、资料室、员工休息室、卫生间设计等。

主要办公空间是办公空间的核心功能区域，其通常按照空间面积的大小进行划分。主要办公空间的划分、特点、功能如表 7-1 所示。

表 7-1　主要办公空间的划分、特点、功能

类型	空间面积	特点	功能
小型办公空间	40 m² 以内	私密性、独立性较强	适用于专业办公、管理办公
中型办公空间	40 ~ 150 m²	内部联系紧密，且外部方便	适用于团队型办公
大型办公空间	150 m² 以上	内容空间具有一定的独立性，分区灵活，内部联系紧密	适用于多个团队就同一作业的合作办公

①公共接待空间。公共接待空间是办公空间中用于各类接待、会议等活动的功能区域,在公共接待空间中,通常设有不同规格的接待室、会客厅、展示厅、报告厅等。

②交通联系空间。交通联系空间即办公空间内联系各个功能区域的交通空间,其又分为水平交通联系空间和垂直交通联系空间两种类型。其中,前者主要指门厅、大堂、走廊等,后者则是指各类楼梯和电梯。

③配套服务空间。配套服务空间是为办公空间提供各种配套服务的功能区域,如资料室、档案室、茶水间、后勤部门等。

④附属设施空间。附属设施是为了保证办公室正常运行的附属设备的布置区域,如配电室、中控室、各种机房等。

二、办公空间的陈设设计

办公空间中的陈设设计不在多而在于精,主要体现了企业文化、企业形象、企业实力和企业的精神。办公空间的主要陈设品一般有体现公司精神的雕塑、绘画工艺品等艺术品,还有与企业发展有重要意义的纪念品或领导者的收藏品等。

第四节　商业卖场空间环境设计

一、商业卖场空间的功能空间构成

商业卖场空间涉及的使用范围很广,不同的业态空间在功能和设施的设置上会有较大的差异,但从空间与服务性质的关系上来区分,都有直接和间接的区别。因此,一般均可在空间功能上将其区分为直接营业区和辅助营业区。每个区域的具体功能空间构成如表7-2所示。

表7-2　不同商业卖场空间的空间功能分区表

业态类型	零售业	餐饮业	其他服务业
业态形式	日常生活用品店、文化体育用品店、服饰用品店、家用电器店	餐厅、酒吧、茶馆、咖啡厅、饮料店等	美容美发、休闲娱乐、SPA会所等

业态 类型	零售业		餐饮业		其他服务业	
	直接 营业区	间接 营业区	直接 营业区	间接 营业区	直接 营业区	间接 营业区
空间 功能 分区	引导区：外立面、入口；橱窗商场区：收银台、货架、橱柜等；销售设施及顾客休息区；化妆室等服务性设施	商品储藏、配货区、内部管理区	引导区：外立面、入口、接待等候区；就餐区：散席及包房衣帽间、化妆间等辅助服务设施	厨房与管理（包括仓库和冷藏）两大部分	入口引导区、接待等候区、贵宾房、衣帽间、化妆间等	储藏室、设备区、内部的管理室等

二、商业卖场的构成与分布

（一）城市商业卖场

商业卖场活动是城市的重要功能之一，居民购买各类日常生活必需品就属于商业卖场活动的一部分。即使是在农业与手工业社会中，也有商业卖场活动的存在，并建设有专门用于商业卖场活动的集市。到了唐代，我国的经济有了极大的发展，在当时的首都长安中，就设置有专门集中进行贸易活动的东市和西市。

到了宋代，我国的经济进一步发展，到了北宋后期，城镇中已经出现了专门的商业卖场网点和商业卖场街。宋代名画《清明上河图》是一副描绘当时都城汴梁的画卷，其中就表现了当时汴京繁荣的商业卖场活动的景象。到了南宋，在临安（今杭州），各种商铺不仅遍布全城，商业卖场街也根据行业集中经营。此外，一些服务行业也逐渐出现了。

可以说，商业卖场区在城市中的出现是社会经济发展的必然结果，而工业化则促进城市商业卖场实现了进一步的发展。例如，随着工业革命的开展，欧洲的城市也得到了快速的发展，发展水平的提高使得城市也出现了卫生、安全、建筑等方面的管理需要，城市分区的观念逐渐产生。德国的法兰克福是最早对城市建设进行分区规定的城市，早在 1984 年，法兰克福就开始对城市进行分区建设，分为了工业、商业卖场、住宅、混建等四个区域。自此之后，世界各国的其他城市也逐渐开始对城市进行分区，并在城市建设中对商业卖场区进行了进一步规划和建设。

（二）商业卖场区的内容、分布及形式

1. 城市商业卖场区的内容

商业卖场区是整个城市中商业卖场活动最集中的区域，除了商业卖场零售的这一主体商业卖场活动之外，还有各种配套服务，包括餐饮、娱乐等，此外，还包括金融、商贸等行业。商业卖场区内的各种建筑通常也用于举办上述各种活动，如商业卖场中心、购物中心、银行、办公楼、商务酒店、餐厅等。

2. 分布

商业卖场区的位置及其规模与城市的经济活动需求以及居民的消费需求都有着密切的关系。若城市人口较多且较为密集，通常其商业卖场区的规模也会比较大。对于商业卖场区等级的划分，通常依据的是其服务的人口规模和影响的范围，如大、中型城市较大规模的商业卖场区可以达到区级，而小城市的商业卖场区只能达到市级，居住区附近的商业卖场空间只能称为商业卖场网点。

3. 形式

通常来说，商业卖场区位于城市的中心位置或者是城市分区的中心。此外，一些城市主干道周边以及其他交通便利的地段也有商业卖场区分布，商业卖场区分布于此主要在于其便利的交通性，城市居民能够较为便捷的到达。城市商业卖场建筑的分布主要有两种形式，一种是沿街开发，另一种是占用整个街坊开发。现代城市商业卖场建筑的设计通常会将这两种方式进行结合。西方国家由于经济发展较早，其商业卖场区的建设也较为发达。商业卖场区中不仅会有来自本地与外地的人开展各种经济、文化活动，同时也是日常生活最为集中的区域。因此，通过观察一个城市的商业卖场区，观察其中的各类活动以及建筑风格等，就能够感受到这个城市的活力、文化与特色。

（三）中心商务区

中心商务区也称CBD，是一个国家或大型城市中最主要的商务活动区域，其在概念上也与商业卖场区存在一定的差别。中心商务区的概念最早产生于美国，在当时被定义为商业卖场聚集的区域。此后，经过不断的发展，中心商务区逐渐成为一个城市、区域甚至是国家经济发展的中枢。作为城市的中心，中心商务区集合了城市的经济、科技、文化力量，具备金融、贸易、服务等各种功能。为了保证中心商务区各种活动的顺利进行，其还配备有城市最为完善的交通和通信条件。中心商务区不仅是城市经济发展的中枢，还为城市提供着大

量的就业机会。

中心商务区是一个城市要建设为国际化大都市所必不可少的，其也是城市和国家经济发展水平的象征。随着改革开发的深入发展和社会主义市场经济的不断成熟，我国的经济发展取得了极大的成就，在北京、上海、广州也建成了国家级的中心商务区。此外，随着我国城市现代化建设的不断发展，在深圳、重庆、天津、长沙、大连等城市也都建设了大区级的中心商务区。

三、商业卖场展示空间的功能空间构成

展示空间即用于举办各类展示活动的空间，其主要由以下三种类型的空间构成。

（一）公众空间

展示空间的公共空间即用于公共共同使用和活动的空间区域，包括各类交通空间、休息场所等。展示空间的公共空间在设计上应保证一定的面积，要既能够保证参观者流畅地进出以及来回观看，同时又应提供一定的区域供参观者休息和交流。

通道是公共空间中的关键部分，通道的通畅程度直接的关系到了参观者的参观是否顺利，以及展品展示的信息是否能够有效地传递给参观者。一旦展示空间的通道设计不合理，就会导致人流不畅，即造成展示效果好的地方人流拥挤，展示效果不足的地方人流稀少。因此，在设计通道时，要充分考虑参观者的人数、参观者的观看与流动情况、展品的性质与陈列方式、展品的观赏效果与通道之间的关系等，对通道进行科学合理的设计。

（二）展示空间

展示空间即用于陈列和展示展品的空间，其也是展示空间的主体部分。对于展示空间的设计来说，必须要达到良好的视觉效果，具体来说应做到两个方面，一是能够吸引观众的注意力，二是能够有效地向观众传达信息。展示活动中的各类产品在大小、形状、颜色等方面都有所不同，这些因素也是设计展品展示空间样态以及选择展品陈列方式的重要依据。

在展示空间的设计中，对人、展品、空间三者关系的处理十分重要。展品的空间、陈列等都必须符合人体科学，满足人体在观看时的视觉需要。对于需要安排现场演示的展品，还应该在其周围设置栅栏，对演示区域进行围合，并为演示区域与观众之间的互动留出一定的空间。与办公空间要满足使用者需求

的设计不同，展示空间的设计首先要满足的是参观者的需求，要给参观者提供良好的参观体验。这就对展示空间的设计在流动性和视觉上提出了要求。因此，对于展示空间的设计来说，就是要在保证交通空间功能的基础上，重点展示空间对参观者注意力的吸引和兴趣的调动。

（三）辅助空间

辅助空间即除上述两种空间之外的空间，其功能在于辅助展示活动的顺利进行。辅助空间又可以分为以下几个部分。

1. 接待空间

接待空间即用于供展示企业与顾客进行交流的空间，尤其对于贸易洽谈会等展示活动来说，接待空间的设计尤为重要。接待空间的设计不仅能够体现出参展商积极、主动、真诚的态度，表现出参展商与客户进行沟通的欲望，同时也能够激发顾客主动了解参展商品的兴趣，吸引顾客主动与参展商进行交流。接待空间通常设置在整个展示空间的结尾处，接待空间的设计必须与整个展示空间的风格相统一。

2. 储藏空间

储藏空间即用于存放展示活动所使用的各类物品、道具等的空间。为了保证展示活动的效果，储存空间的设置通常具有一定的隐蔽性要求，不能轻易为公众所察觉。

3. 维修空间

维修空间即用于对展示活动中的各种设备进行维修的空间。维修空间应与其他空间有所隔离，并且应在维修空间的周围建立完善的安全措施，防止维修活动中产生的噪音等对展示活动造成干扰和影响。

第五节　酒店空间环境设计

一、酒店空间设计的原则

合理的功能布局是酒店方案设计的核心内容。合理的功能布局不仅指酒店整体功能的布局要合理，还包括大堂、客房等单体功能空间的合理布局。国家颁布的《旅游涉外饭店星级的划分及评定》指出，从一星级到五星级饭店第一条规定都是"饭店布局合理",足见饭店合理功能布局的重要性。

二、酒店空间的陈设设计

在会议中心,酒店等这类空间中可以安排一处或几处引人注目的重点陈设艺术设计。陈设艺术设计应该醒目、简洁、大方、独特,讲究气势,有较强的吸引力,并符合大多数人的爱好。壁面的陈设艺术主要以图形,绘画艺术品为主,重点在墙面,服务台的背景墙面。一般选择重要性比较高的地方进行陈设,要选择有分量、视觉冲击力效果强的陈设品进行装饰,要有整体的装饰效果。陈设品多为大型的雕塑、绘画等艺术品,这些都是构成公共空间的主景观。室外要考虑陈设的相对固定性,避免因为正常使用下人员的流动性导致陈设品的损坏和丢失。

三、娱乐休闲空间的功能空间构成

娱乐休闲类空间的内部按照功能一般可分为接待区、娱乐休闲区、吧台饮品区、设施设备区等。

(一)接待区

接待区是顾客进入空间第一眼看到的区域,对整个空间氛围的营造具有重要的作用。接待区一般由接待台、企业标志、招牌、客人等候区等部分组成,接待区应该利用造型、色彩、装饰等表现出吸引力,让顾客对整个空间留下一个良好的第一印象。接待区在满足基本功能的基础上,应该预留出相应的接纳空间,同时可利用灯光光影、背景音乐和动态的空间形式突出空间气氛,引导顾客进入空间内部。

(二)娱乐休闲区

休闲娱乐区是娱乐休闲空间的核心部分,其通常有大厅和包房两种形式。在娱乐空间中,通常设有屏幕、舞台、观众席以及各种吧台和座椅等。娱乐休闲区的空间通常是根据娱乐休闲活动的类型进行设计的,如对于酒吧之类的场所,其休闲娱乐活动具有较强的互动性,因此通常以表演舞台为中心,观众席围绕舞台设计;对于KTV之类的场所,其顾客通常会组成一定的团体进行娱乐互动,因此针对顾客的娱乐需求,通常会采用包房式的设计,将不同的顾客单位分隔开来。

（三）吧台饮品区

吧台饮品区也是娱乐休闲空间中必不可少的一个功能空间，其主要是为客人提供饮食、饮食和休息的区域，常见的吧台饮品区有酒水吧、小型厨房等。由于涉及饮食，因此吧台饮品区必须保证良好的卫生条件，在设计时，应选择清洁较为容易的材料。特别是对于酒吧来说，吧台饮品区是其核心空间，因此在设计吧台饮品区时，必须将其设置在最明显的位置，使顾客无论处于何处，都能够快速找到吧台饮品区，并较为便捷的到达这里。

（四）设施设备区

休闲娱乐场所都配有一定的娱乐设施设备、如酒吧中的舞台灯光设备、KTV 中的音响设备、电影院的荧幕设备等。这些设施设备通常都需要专门的空间进行放置，放置这些设施设备的区域即为设施设备区。设施设备区的设计通常要注意两个方面，一个是设计的尺寸，另一个是要对各种管线预留位置。

参考文献

[1] 何彤, 张毅, 陈岚. 空间构成 [M]. 重庆: 西南师范大学出版社, 2017.

[2] 马磊, 汪月. 环境设计手绘表现技法 [M]. 重庆: 重庆大学出版社, 2018.

[3] 张明, 姚喆, 沈娅. 室内陈设设计 [M]. 北京: 化学工业出版社, 2018.

[4] 吴相凯, 黎鹏展. 基于环境心理学的现代室内艺术设计研究 [M]. 成都: 四川大学出版社, 2018.

[5] 欧阳丽萍, 谢金之. 城市广场设计 [M]. 武汉: 华中科技大学出版社, 2018.

[6] 汪瑞, 曾莹莹, 高原. 环境艺术设计制图 [M]. 武汉: 武汉大学出版社, 2016.

[7] 魏凯旋. 设计艺术的美学研究 [M]. 北京: 北京理工大学出版社, 2017.

[8] 曲旭东, 欧阳丽萍. 滨水景观设计 [M]. 武汉: 华中科技大学出版社, 2018.

[9] 乔继敏. 城市居住环境艺术设计研究 [M]. 北京: 光明日报出版社, 2016.

[10] 张健, 李禹, 周海涛. 商业空间设计与实训 [M]. 沈阳: 辽宁美术出版社, 2016.

[11] 王晓辉, 齐伟民. 城市环境艺术概论 [M]. 长春: 吉林美术出版社, 2012.

[12] 王向阳. 环境艺术策划与设计 [M]. 北京: 海洋出版社, 2012.

[13] 赵颖. 试论现代城市环境艺术设计的美学追求 [J]. 创新创业理论研究与实践, 2018, 1（24）: 104-105.

[14] 曹盼宫. 生态文明背景下的现代环境艺术设计分析 [J]. 居业, 2018（12）: 30.

[15] 何柯柯. 环境艺术设计手绘表现技法研究 [J]. 山东农业工程学院学报, 2018, 35（12）: 129-130.

[16] 姜姝娟. 室内环境艺术设计中色彩的应用 [J]. 佳木斯职业学院学报, 2018（11）: 489-490.

[17] 徐姣. 刍议室内设计中环境艺术的创新 [J]. 大众文艺, 2018（20）: 88.

[18] 杨乔. 色彩在室内环境艺术设计中的应用分析 [J]. 艺术科技, 2018, 31（09）: 192.